简 介

《化学综合设计实验》是针对大学化学专业学生在完成化学基础课程及其相关实验的基础上开设的提高型综合实践课程。课程内容体现了跨学科、多技能的综合训练，将化学热点研究和实际应用相结合，让学生真正感受到化学工作者从事化学研究工作的氛围。本教材保证基本操作和基本技能的训练，更加重视学生综合实验技能和创新思维的培养，注重将材料的制备与其物相、组成、结构及性质测试表征相结合。本教材共设计了30个实验项目，紧跟研究前沿，把握研究热点，体现先进性和创新性，可供化学专业高年级学生使用。

扫码获取本书数字资源

普通高等学校一流专业建设

化学系列规划教材

Comprehensive and Designed Chemistry Experiment

化学综合设计实验

主　　编　杨　骏

副主编　董嘉兴　陈时洪　彭焕军　易　勇

编写人员（按姓氏拼音为序）

柴雅琴　陈时洪　董嘉兴　冯　建　卢一卉　孔德艳

李银燕　廖家耀　聂　明　彭焕军　唐剑锋　王　明

王申堂　杨　骏　易　勇　邹　建　张　鹏

图书在版编目（CIP）数据

化学综合设计实验 / 杨骏主编. -- 重庆：西南大学出版社，2022.10

ISBN 978-7-5621-9775-1

Ⅰ. ①化… Ⅱ. ①杨… Ⅲ. ①化学实验—高等学校—教材 Ⅳ. ①06-3

中国版本图书馆CIP数据核字(2019)第089205号

化学综合设计实验

HUAXUE ZONGHE SHEJI SHIYAN

主 编 杨 骏

副主编 董嘉兴 陈时洪 彭焕军 易 勇

责任编辑： 杨光明

责任校对： 胡君梅

封面设计： 汤 立

排 版： 王 兴

出版发行： 西南大学出版社(原西南师范大学出版社)

网 址：http://www.xdcbs.com

地 址：重庆市北碚区天生路2号

邮 编：400715

电 话：023-68868624

印 刷： 重庆共创印务有限公司

幅面尺寸： 195mm×255mm

印 张： 10.5

字 数： 220千字

版 次： 2022年10月 第1版

印 次： 2022年10月 第1次印刷

书 号： ISBN 978-7-5621-9775-1

定 价： 38.00元

前言

“化学综合设计实验”是在学生完成化学基础课、化学基础实验、理化测试实验、无机制备实验、有机制备实验和材料化学实验等课程的基础上开设的提高型综合实践课程。课程内容将化学热点研究和实际应用相结合进行创新性研究,体现了跨学科、多技能的综合训练,让学生真正感受到化学工作者从事化学研究工作的氛围。该课程旨在培养本科生的创新意识,提高学生综合运用前期的理论和实验知识独立地分析问题与解决问题的能力,为培养基础厚、知识新、素质高、能力强的创新型和研究型人才打下良好的基础。课程建设目标是将“化学综合设计实验”课程建设成为一个向化学相关专业学生开放的创新型人才培养平台。

本教材在内容选择和体系构建时,保证课程内容的系统完整,避免不必要的重复,保证基本操作和基本技能的训练,重视学生综合实验技能和创新思维的培养,注重将材料的制备与其物相、组成、结构及性质测试表征相结合。本教材共编写30个实验项目,内容覆盖无机化学、有机化学、分析化学、物理化学、材料化学、高分子化学、高分子物理及中教实验等领域,力求突出综合性、新颖性和可操作性,着重培养学生的综合素质和创新意识。

本教材的主要特点:一是实验内容涉及多学科领域,知识面广,综合程度高,体现学生实际,融入了专业教育功能,实用性较强;二是教材中有多个实验来源于一线教师的科研积累和成果,紧跟研究前沿,把握研究热点,具有先进性和创新性,充分体现科研促进教学;三是教材中部分实验内容贴近生活,增加了教材的趣味性,有利于提高学生的学习兴趣和自主性。

本书的编写除了借鉴教学科研中的经验总结,还参考了兄弟院校的相关教材及文献,在此谨表感谢。由于编者水平有限,难免会出现疏漏之处,敬请批评指正。

目录

CONCENTS

目录 CONCENTS

实验 1

$Y_2O_3:Eu^{3+}$红色荧光粉的制备及光谱测定

一、实验目的

1. 掌握沉淀法制备稀土荧光粉。
2. 掌握荧光光谱仪的使用及光谱测定。
3. 掌握粉末X射线衍射仪的使用。
4. 了解扫描电镜的原理及使用。

二、预习要求

1. 复习理论教材中稀土元素相关内容。
2. 预习了解荧光光谱仪、粉末X射线衍射仪及扫描电镜。
3. 查找资料,学习 $Y_2O_3:Eu^{3+}$荧光粉的各种制备方法。

三、实验原理

发光现象很早就为人们所知。夏天夜晚的萤火虫所发出的光就是荧光的一种,今天我们称之为生物荧光。我国早在《后汉书》中,就有关于“夜光璧”的记载(“夜光璧”很可能就是萤石 CaF_2)。英文“Phosphor”一词,最早是在17世纪出现的。直到今天,它的含义一直没有改变。

当某种物质受到诸如光、外加电场或者电子束轰击等激发后，只要该物质不会因此而发生化学变化，它总要回复到原来的平衡状态。在这个过程中，一部分多余的能量会通过热或者光的形式释放出来，如果这部分能量是以可见光或近可见光的电磁波形式发射出来的，就称这种现象为发光（如图1-1所示）。概括地说，发光就是物质在热辐射之外，以光的形式发射出多余的能量，而这种多余能量的发射过程具有一定的持续时间。

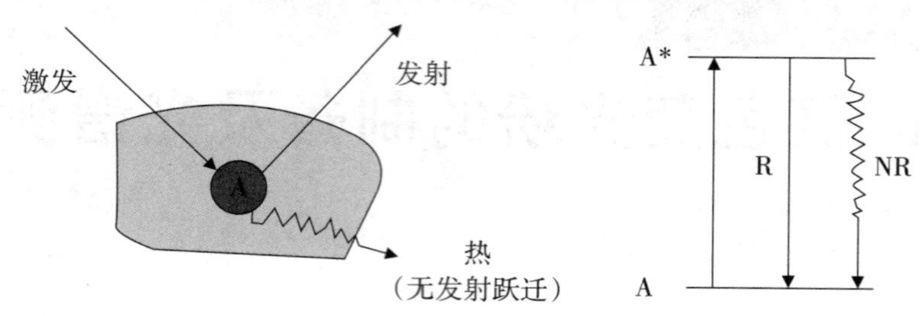

图1-1　某一种发光离子A在它的基质晶格中的发光行为和其能级示意图

（A*：激发态；R：辐射回到基态；NR：非辐射回到基态）

稀土发光材料具有物理化学性质稳定，转换效率高，可发射从紫外光、可见光到红外光各种波长的光等特点。同时，稀土离子对光的吸收是发生在内层4f电子的不同能级之间的跃迁，产生的吸收光谱谱线很窄，因此呈现出的颜色鲜艳纯正。大多数稀土元素或多或少地被用于荧光材料的合成，目前稀土发光材料已在显示、照明、光电器件等领域中得到广泛应用，并不断有新的稀土荧光粉出现。然而自1964年$Y_2O_3:Eu^{3+}$被用作荧光粉以来，其仍是目前最有效的红色荧光材料。

Eu^{3+}的发射光谱为线状光谱，且发射颜色与其在晶格中的位置有关。如果Eu^{3+}在晶格中占据对称中心位置，则产生$^5D_0\to{}^7F_1$辐射跃迁（橙光区）；若Eu^{3+}在晶格中不占据对称中心位置，则产生$^5D_0\to{}^7F_2$（红光区）辐射跃迁和$^5D_0\to{}^7F_4$（红外光区）辐射跃迁。

目前国内外生产多采用高温固相法合成$Y_2O_3:Eu^{3+}$荧光粉，产物粒径较大，在涂屏（管）前需球磨粉碎以减小其粒径。为消除球磨粉碎造成的晶粒劣化引起的光衰，防止其影响发光性能，有人提出“不球磨荧光粉”的概念。本实验项目中我们将研究用草酸沉淀工艺制备$Y_2O_3:Eu^{3+}$氧化物，并利用表面活性剂的空间位阻效应来控制$Y_2O_3:Eu^{3+}$氧化物的颗粒分布，从而获得粒径分布曲线较窄且为正态分布的细颗粒$Y_2O_3:Eu^{3+}$荧光粉。

四、实验用品

器材：电子天平，烧杯，磁力搅拌加热器，水浴锅，布氏漏斗，滤瓶，真空循环水泵，表面皿，烘箱，刚玉坩埚，控温马弗炉，玛瑙研磨，多晶粉末X射线衍射仪，荧光光谱仪，扫描电子显微镜。

试剂:Y_2O_3(99.99%),Eu_2O_3(99.99%),稀硝酸,草酸,聚乙二醇,乙醇,去离子水。

五、实验内容

1.荧光粉的制备

按物质的量比例称取一定量的Y_2O_3和Eu_2O_3,然后溶于稀硝酸;另配制草酸溶液(按过量50%计算)置于烧杯中,加入2 g聚乙二醇,水浴,温度保持在70 ℃,再加入Y^{3+}、Eu^{3+}的硝酸盐溶液,充分搅拌,至沉淀生成反应完全,然后减压过滤并用去离子水和乙醇洗涤数次,所得沉淀于100 ℃烘干后在马弗炉中一定温度下煅烧2 h,得产品Y_2O_3:Eu^{3+}荧光粉。

2.X射线衍射分析

根据以前所学的X射线物相分析方法,将产物进行粉末X射线衍射(XRD)结构测试分析,得到样品的XRD谱图(图1-2),结果显示所得产品可以归属为立方Y_2O_3纯相,Eu^{3+}已成功掺杂到Y_2O_3基质晶格中。根据谢乐公式计算样品的晶粒大小,并填写表1-1。

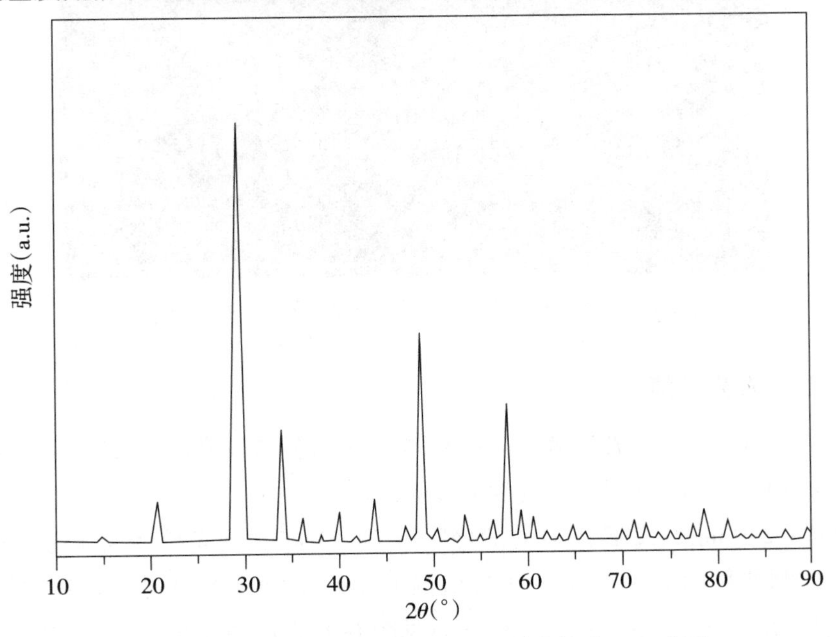

图1-2 800 ℃煅烧所得Y_2O_3:3%Eu^{3+}荧光粉的XRD谱图

分析所有样品的XRD结果,当煅烧温度为______时不能得到Y_2O_3纯相;当煅烧温度______600 ℃时,可得Y_2O_3纯相,且煅烧温度越高,荧光粉样品的结晶度________。

表1-1　不同煅烧温度所得Y_2O_3:3%Eu^{3+}荧光粉的物相及晶粒尺寸

煅烧温度/℃	400	600	800	1 000	1 200
是否为Y_2O_3物相					
晶粒尺寸/nm					

3. 扫描电镜测试

根据以前所学的扫描电镜测试(SEM)方法，将产物进行微观结构形貌测试分析，得到样品的SEM图(图1-3)，结果表明样品由纳米颗粒组成，颗粒大小不一。

图1-3　800 ℃煅烧所得Y_2O_3:3%Eu^{3+}荧光粉的SEM图

4. 荧光粉的发光性能

室温下，使用F-7000荧光光谱仪(用150 W的氙灯做激发光源)测试样品的激发光谱和发射光谱(图1-4)，根据测试结果填写表1-2和表1-3。

在短波UV 259 nm激发下，800 ℃煅烧所得Y_2O_3:3%Eu^{3+}荧光粉呈现强的红光发射。激发谱(虚线，监测波长610 nm)包含一个峰值位于259 nm处的O^{2-}–Eu^{3+}电荷迁移带(CTB)；在长波区，出现了Eu^{3+}的本征f-f跃迁，具体归属见图1-4，它们的强度远比O^{2-}–Eu^{3+}电荷迁移带(CTB)弱。发射谱(实线，激发波长259 nm)是由Eu^{3+}的特征发射$^5D_{0,1}\rightarrow{}^7F_J$ (J=0，1，2，3，4)构成，其中以位于610 nm处的$^5D_0\rightarrow{}^7F_2$超灵敏跃迁最强。

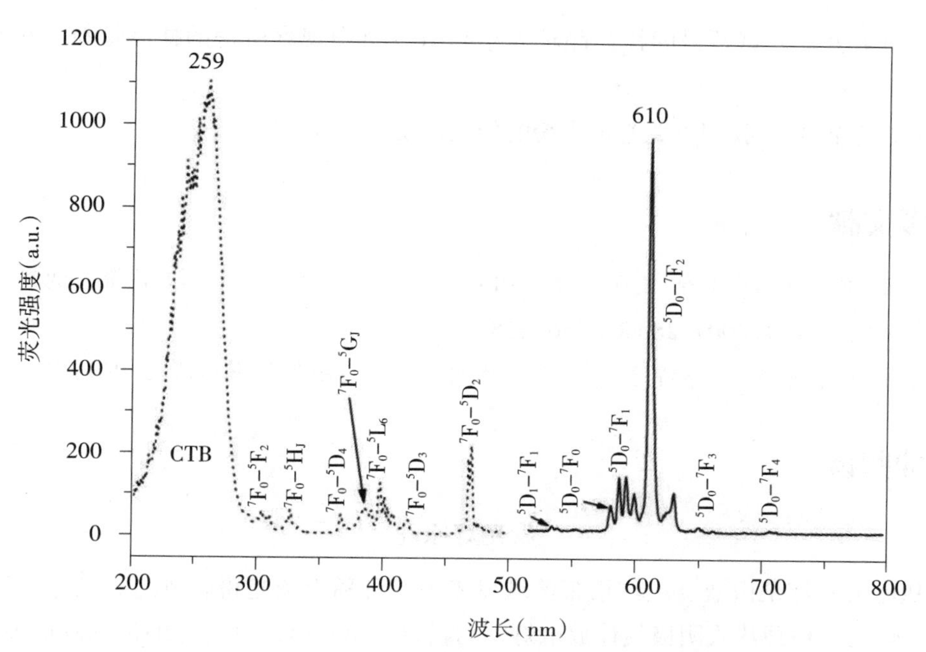

图1-4　800 ℃煅烧所得Y_2O_3:3%Eu^{3+}荧光粉的激发发射光谱图

表1-2　800 ℃煅烧所得Y_2O_3:x%Eu^{3+}荧光粉的发光强度

掺杂比例/x%	1%	3%	5%	7%	9%
发光强度/a. u.					

通过比较,该条件下Eu^{3+}掺杂比例为________时发光最佳。

表1-3　不同煅烧温度所得Y_2O_3:5%Eu^{3+}荧光粉的发光强度

煅烧温度/℃	400	600	800	1 000	1 200
发光强度/a. u.					

通过比较,可以发现随着煅烧温度的升高,荧光粉的发光_______;综合考虑能耗、设备要求及发光强度等因素,选择煅烧温度_______为宜,理由是____________________。

六、实验思考

1. 实验中的掺杂比例x%的具体含义是指什么?
2. 可以用什么方法确认所得荧光粉中Eu^{3+}的实际掺杂比例?
3. 实验过程中加聚乙二醇的目的是什么?

4. 由谢乐公式计算所得的样品晶粒大小和由SEM图观察所得的样品颗粒大小是否一致？为什么？

5. 除了发光强度，我们更关心荧光粉的什么性质？

七、参考文献

[1]屈芸，孙日圣，张文涛. 表面活性剂PEG对草酸沉淀法制备Y_2O_3:Eu^{3+}粉体的影响[J]. 南昌大学学报(理科版)，2004，28(3)，256-258.

[2]徐家宁，郭玉鹏. 化学综合实验(第二版)[M]. 北京：高等教育出版社，2017.

八、延伸阅读

荧光灯原理

三基色荧光灯是由蓝、绿、红谱带区域发光的三种稀土荧光粉制成的荧光灯，三基色节能型荧光灯是一种预热式阴极气体放电灯，分直管形、单U形、双U形、2D形和H形等几种。

以H形节能荧光灯为例，它由两根顶部相通的玻璃管(管内壁涂有稀土三基色荧光粉)、三螺旋状灯丝(阴极)和灯头组成。其工作原理与普通荧光灯相似，即可配用电感镇流器(要配有启辉器)，也可配用电子镇流器(不配用启辉器)。

相对于传统电感镇流器而言，电子镇流器能快速启动系统，而且无哼声和无频闪，可以提供良好的低分贝环境，同时有效保护使用者的视力。除此以外，电子镇流器还有很多传统荧光灯电感镇流器无可比拟的优势。举例来说，荧光灯经济型电子镇流器的宽电压设计比传统电感镇流器更适合我国市场的需求(184~264 V安全电压、216~244 V性能电压)；配合三基色直管荧光灯使用，电子镇流器更能有效延长灯管寿命；另外，相对于传统电感镇流器55 ℃的温升，电子镇流器的温升更低，可以减少空调负载，同时能使系统节电高达22%左右。

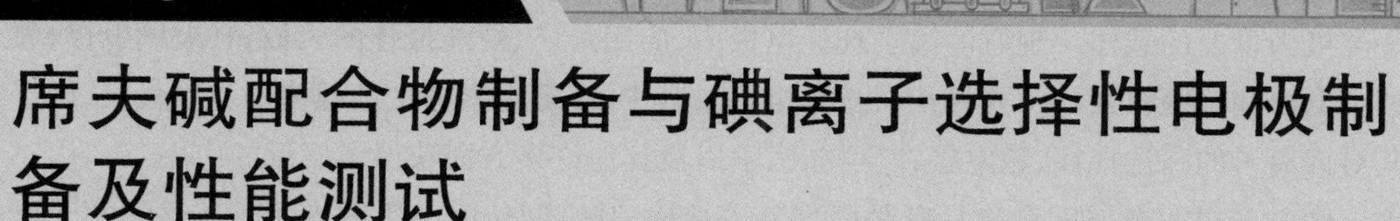

实验2 席夫碱配合物制备与碘离子选择性电极制备及性能测试

一、实验目的

1. 了解[Co(II)Salen]配合物的制备原理及应用。

2. 掌握席夫碱配合物制备方法。

3. 熟悉离子选择性电极的制备原理,学习碘离子选择性电极制备。

4. 学会碘离子选择性电极性能的测试及结果分析。

5. 进一步掌握无机合成中的一些操作技术。

二、预习要求

1. 了解席夫碱配合物的制备方法。

2. 查阅文献了解离子选择性电极的发展历史及其应用。

3. 查阅书籍,明确离子选择性电极的一般特性、特性参数包括的内容及其测定的原理方法。

4. 查阅文献“YUAN Ruo, CHAI Yaqin, LIU Dong, GAO De, LI Junzhong, YU Ruqin. Schiff base complexes of cobalt (II) as neutral carriers for highly selective iodide electrodes[J]. *Anal Chem*, 1993, 65 (19), 2572–2575”。分析、总结研究思路,指出该文献的创新点。

三、实验原理

离子选择性电极是电分析化学的一个重要新兴分支。由于它们具有良好的选择性、较高的灵敏度,输出的电信号可以直接测量,因此它们被广泛地应用于环境监测、工业流程、农业、医学、临床、生物研究。离子选择性载体的设计、合成和应用研究是离子选择性电极研究的一个重要方向。中性载体是流动载体电极的三类载体(即阴离子、阳离子和中性载体)中一类极为重要的载体。现有的离子选择电极中,应用最广、性能最佳的当数pH玻璃电极、氟离子电极和缬氨霉素PVC膜钾离子选择电极。其中,缬氨霉素即中性载体的突出代表,由于其对钾离子的高选择性,该电极在生物、医学以及其他许多方面获得了广泛的应用。

席夫碱过渡金属配合物具有平面型分子结构,其空间位阻的影响有利于线性阴离子配位,加之合成简便,具有实际开发的价值。1993年以来,俞汝勤院士、袁若教授首次采用席夫碱金属配合物作为载体(图2-1中1,2),研制出一系列阴离子选择性电极(图2-1中3~8);探讨了载体结构对电极响应性能的影响,并采用紫外可见光谱、红外光谱、交流阻抗技术等对电极的响应机理做了系统研究。结果表明,与金属离子共轭的赤道平面小的载体和亲脂性强的载体适宜用作阴离子电极载体。其高选择性主要是基于配合物中心金属与阴离子之间形成了可逆的轴向配位,同时还伴随有电子转移。其中,以Co(II)和Mn(II)的席夫碱金属配合物作载体的电极的选择性序列分别为:$I^- > NO_2^- > SCN^- > ClO_4^- > Br^- > NO_3^- > Cl^- > SO_4^{2-}$、$SCN^- > I^- > Sal^- > ClO_4^- > NO_2^- > Br^- > Ac^- > NO_3^- > Cl^-$。2001年,Shamsipur等研制出了以Zn(II)的席夫碱金属配合物为载体且优先响应SO_4^{2-}的电极,其选择性为:$SO_4^{2-} > SCN^- > F^- > Cl^- > Br^- > I^- > CN^- > NO_2^- > NO_3^- > ClO_4^- > Ac^- > SO_3^{2-} > CO_3^{2-}$。

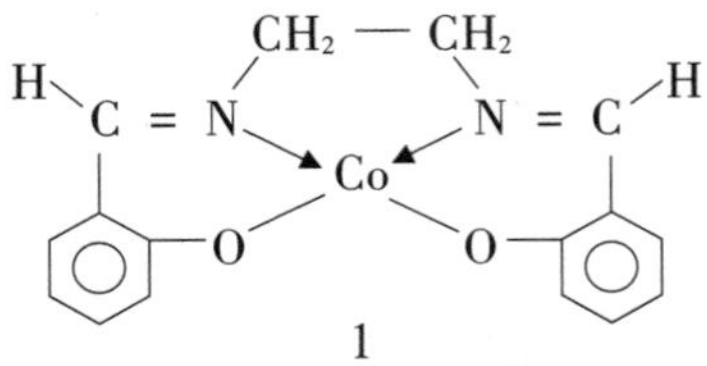

1

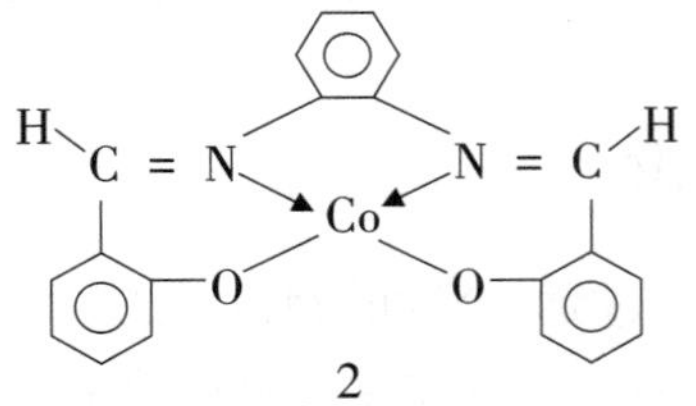

2

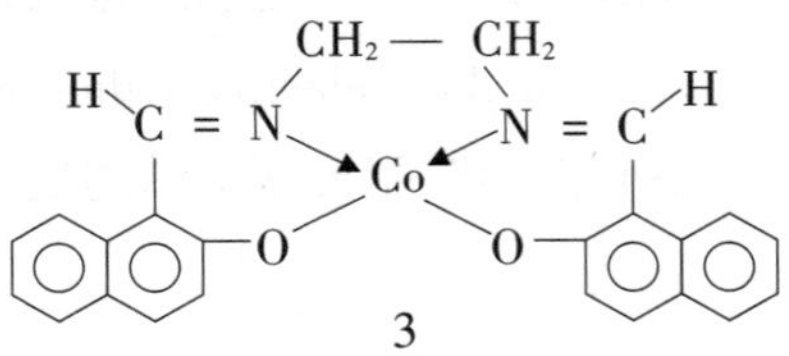

3

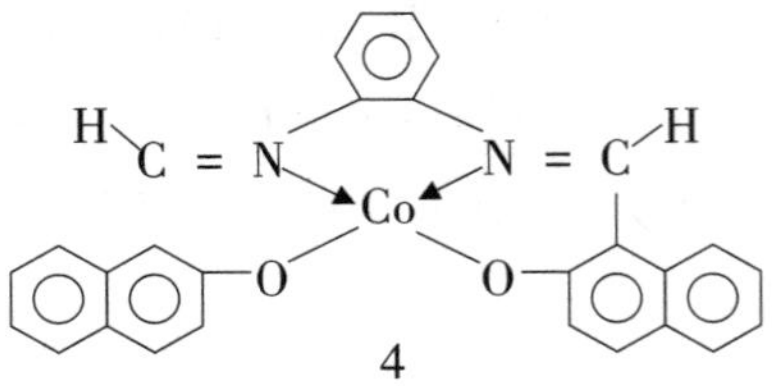

4

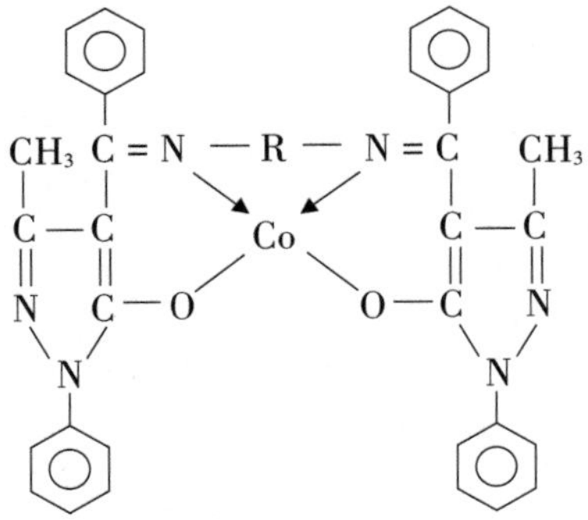

CH_3 C = N — R — N = C CH_3
C — C Co C — C
N C — O O — C N
N N

5

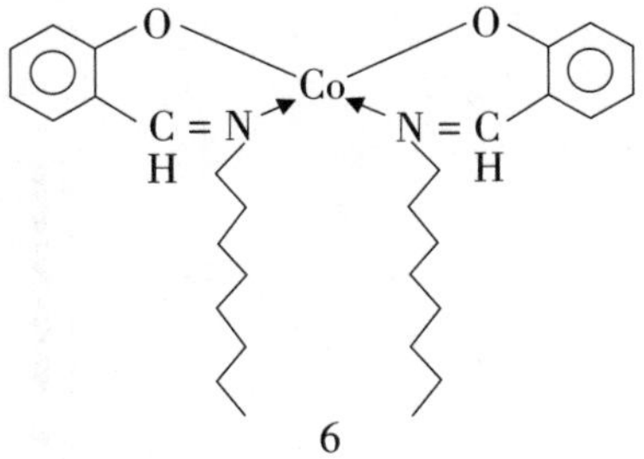

O Co O
C = N N = C
H H

6

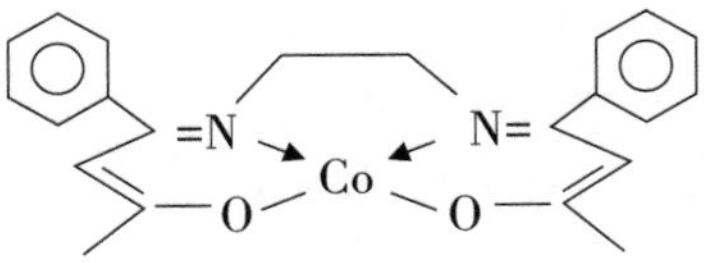

=N Co N=
O O

7

N N
Co
O O

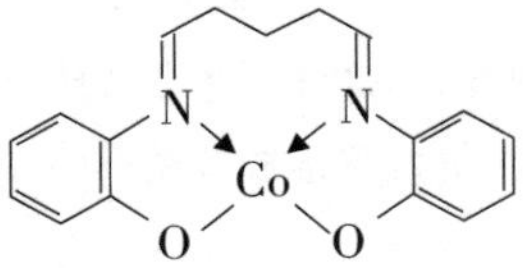

8

图2-1 金属席夫碱配合物的结构

本实验以Co(II)的席夫碱金属配合物作载体研制碘离子选择性电极。

1.[Co(II)Salen]配合物制备原理

由水杨醛与乙二胺反应所生成的配体与醋酸钴作用生成[Co(II)Salen]配合物,其反应式如下:

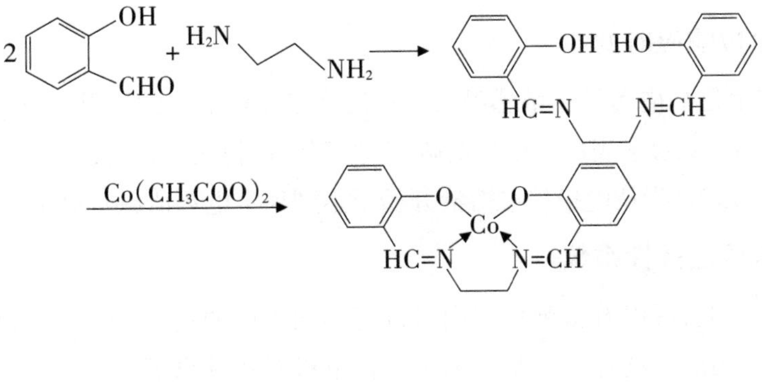

2 (OH, CHO) + H_2N — NH_2 ⟶ OH HO, HC=N N=CH

$\xrightarrow{Co(CH_3COO)_2}$ O Co O, HC=N N=CH

2. 离子选择性电极的结构和原理

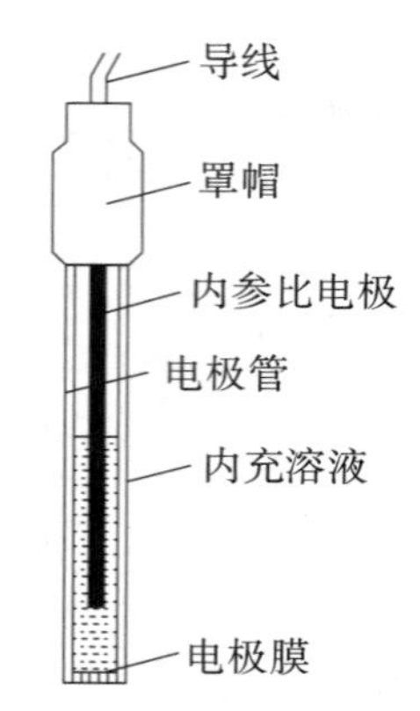

图2-2 离子选择性电极的结构图

（电极管：高分子聚合物材料做成；内参比电极：通常为Ag/AgCl电极；内参比溶液：由氯化物及响应离子的强电解质溶液组成；电极膜：对离子具有高选择性的响应膜）

当含有敏感膜的膜电极浸入含待测离子的溶液中时，由于离子扩散，会在两相界面上产生相间电位；在膜相内部，膜内外的表面和膜本体的两个界面上尚有扩散电位产生，其大小应该相同。离子选择性电极的电位为内参比电极的电位和膜电位之和。

3. 电极的电位响应线性范围及斜率

根据膜电势的公式，以电极电势对离子活度的对数作图，可得一直线，其斜率为RT/Z_iF。电极的线性响应范围是指校正曲线的直线部分，它是定量分析的基础，大多数电极的响应线性范围为1×10^{-1}~1×10^{-5} mol/L。

4. 电极的电位响应时间

膜电位的产生是响应离子在敏感膜表面扩散及建立双电层的结果，电极达到这一平衡的速度，可用响应时间（$t_{95\%}$）来表示。电极的响应时间有不同的表示方法，本实验采用浸入法，浸入法测定的响应时间是指从电极接触溶液开始至达到稳定电势值（±1 mV）的时间。

5. 电极的电位选择性系数

在同一敏感膜上，可以有多种离子同时进行不同程度的响应，因此膜电极的响应没有绝对的专一性，只有相对的选择性。某一离子选择电极对各种离子的选择性，或对不同离子的响应能力，可用电位选择性系数（$K_{i^-,j^{n-}}^{pot}$）或其对数（$\lg K_{i^-,j^{n-}}^{pot}$）来表示。系数越小，表明电极对离子i^-的选择性越好，即离子j^{n-}对电极的干扰越小；反之则相反。电极选择性系数的测定方法主要有以下两种。

(1)分别溶液法

将电极浸入只含有离子i的溶液中,测出电位值E_1;然后浸入只含有离子j但活度与离子i活度相等的溶液中,测出电位值E_2。以一价阳离子为例应有:

$$E_1 = E_0' + S\lg a_i, E_2 = E_0' + S\lg K_{ij}^{pot} a_j$$

式中,$S = \frac{2.303RT}{F}$。

从以上两式可以得到$\Delta E = E_2 - E_1 = S\lg \frac{K_{ij}^{pot} a_j}{a_i}$。

当$a_i=a_j$时,$\Delta E = S\lg K_{ij}^{pot}$,即$\lg K_{ij}^{pot} = \frac{\Delta E}{S}$。

(2)混合溶液法

混合溶液法是在同时含有离子i和j的溶液中进行测定。其中一种为固定干扰法。即在溶液中固定干扰离子j的活度,改变待测离子i的活度,以电位E和$-\lg a_i$作图,见图2-3。

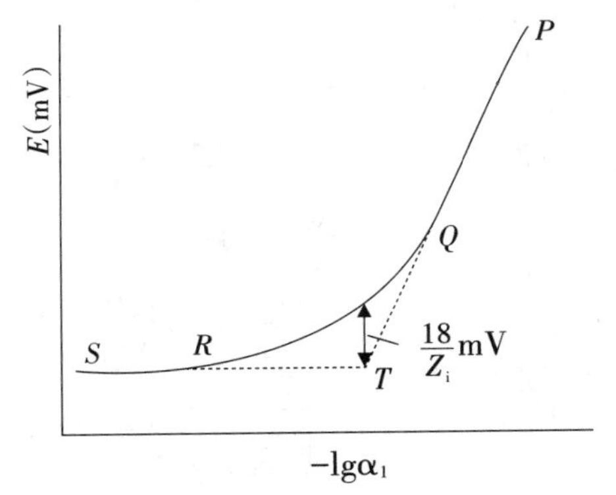

图2-3　混合溶液法(固定干扰)测定选择性系数

将图2-3中直线PQ及SR外推至交点T,在T点处存在关系:$a_i = K_{ij}^{pot} a^{z_i/z_j}$,即有关系式:$K_{ij}^{pot} = \frac{a_i}{a^{z_i/z_j}}$。

国际纯粹与应用化学联合会(IUPAC)建议采用混合溶液法中的"固定干扰法"测量电极的选择性系数。

四、实验用品

器材:NHC元素分析仪,电子天平,三颈瓶,冷凝管,恒压分液漏斗,移液管,量筒,烧杯,氮气钢瓶,抽滤瓶,砂芯漏斗,红外灯,循环水式真空泵,磁力搅拌器,电热恒温鼓风干燥箱,电热式恒温水浴箱,酸度计,甘汞电极,银丝,2.5 cm×2.5 cm玻璃板,PVC管。

试剂：水杨醛（化学纯），99% 乙二胺（化学纯），乙醇（化学纯 95%），四水合醋酸钴（化学纯），二甲基甲酰胺（化学纯），氯仿（化学纯），邻硝基苯基辛基醚，碘化钾（分析纯），浓磷酸（分析纯），氢氧化钠（分析纯），浓盐酸（分析纯），四氢呋喃（分析纯），PVC 粉，氯化钾（分析纯），去离子水。

五、实验内容

1.配体的制备

在制备装置图2-4中，用移液管移取1.6 mL水杨醛于250 mL三颈瓶中，加入80 mL 95%的乙醇。在搅拌下，用移液管移取0.75 mL 99%的乙二胺于该三颈瓶中，反应4～5 min，生成亮黄色片状双水杨醛缩乙二胺（H_2Salen）结晶体。

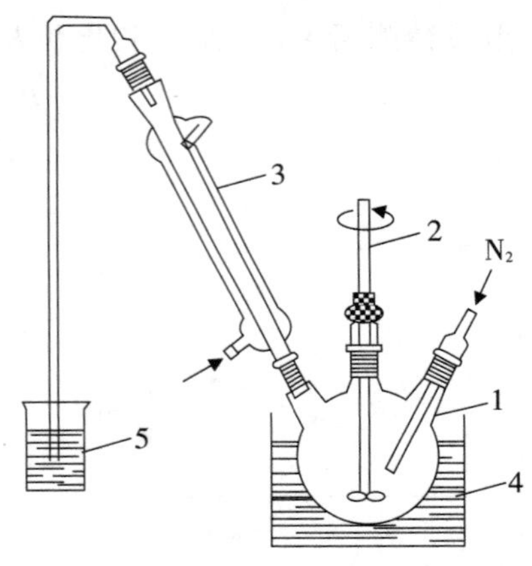

图2-4　制备装置

1.三颈瓶　2.搅拌器　3.冷凝管　4.水浴　5.水封

2.[Co（II）Salen]配合物的制备

在上述三颈瓶中将溶于15 mL热水的1.9 g Co（Ac）$_2$·4H_2O溶液放冷后，转入恒压分液漏斗中。通入N_2以赶尽装置中的空气，再调节流速为每秒放出1～2个N_2气泡。开通冷凝水，加热水浴。待三颈瓶中的亮黄色片状结晶全部溶解，且反应体系达到溶剂回流温度时，迅速加入醋酸钴溶液于三颈瓶中，立即生成棕色黏状沉淀（活性型[Co（II）Salen]）。搅拌、回流1 h后，棕色黏状沉淀全部转变为暗红色结晶（非活性型[Co（II）Salen]）。将热水浴换成冷水浴，待反应体系冷至室温时，停止通入N_2，关闭氮气钢瓶。用砂芯漏斗抽滤至干，分别用5 mL水洗涤沉淀三次，抽干；最后用5 mL 95%的乙醇洗涤沉淀，抽干。用红外灯干燥产品，称量干燥产品并计算收率。

3. [Co(II)Salen]配合物组成分析

对[Co(II)Salen]配合物进行元素分析，将结果填入表2-1中。

表2-1　[Co(II)Salen]配合物的元素分析结果

含量/%＼元素	C	H	N
理论值			
实验值			

4. 离子电极的制备

(1)PVC敏感膜的制备

取15 mg载体、225 mg邻硝基苯基辛基醚和1.25 g 8% PVC四氢呋喃溶液混合，搅拌成均匀黏稠液体，倾入置于一片面积为2.5 cm×2.5 cm的玻璃板上，在干燥的室温下晾干一天以上，得到所需(厚度约为0.5 mm)的PVC膜。

(2)离子电极的制备

切取一片直径10 mm的PVC膜，用5% PVC的四氢呋喃溶液粘于内径为8 mm、外径为10 mm、长为10 cm的PVC管上，内充液为0.1 mol/L KCl溶液。借以下电化学池测量电极的pH-电位E曲线：

Hg/Hg_2Cl_2，KCl(饱和)|试液|膜|KCl(0.1mol/L)，AgCl/Ag

电极使用前于pH=2.5的磷酸盐缓冲溶液中浸泡30 min左右即可使用。

5. 电极的电位响应性能研究

(1)电极的电位响应线性范围及斜率的测定

以pH=3.0磷酸盐缓冲溶液，配制浓度分别为1×10^{-1} mol/L、1×10^{-2} mol/L、1×10^{-3} mol/L、1×10^{-4} mol/L、1×10^{-5} mol/L、1×10^{-6} mol/L KI溶液，借前述电池，测定电极的电位响应，填入表2-2中。

表2-2　碘离子选择性电极的电位响应

c_I/mol·L^{-1}	1×10^{-1}	1×10^{-2}	1×10^{-3}	1×10^{-4}	1×10^{-5}	1×10^{-6}
$\lg c_I$						
E/mV						

根据实验结果绘制$E-\lg c_I$曲线于下列方框中，并计算出斜率。

斜率为________________。

(2)电极的电位响应时间的测定

本实验采用浸入法,将电极浸入 1×10^{-3} mol/L KI 溶液中,测定从电极接触溶液开始至达到稳定电势值(±1 mV)的时间,即为响应时间。

(3)电极的电位选择性系数的测定

对于以[Co(II)Salen]为载体的PVC膜电极,采用固定干扰法测定常见阴离子对 I^- 的电极选择性系数。查阅文献,设计实验步骤,记录实验结果,计算 $\lg K_{I^-,j^{n-}}^{pot}$ 并填入表2-3中。

表2-3　碘离子选择性电极的选择性系数 $\lg K_{I^-,j^{n-}}^{pot}$

载体	$\lg K_{I^-,j^{n-}}^{pot}$						
	I^-	Br^-	Cl^-	ClO_4^-	SCN^-	NO_3^-	SO_4^{2-}
[Co(II)Salen]	0						

六、实验思考

1. 以电极对 I^- 线性响应范围为优化目标函数,采用正交试验法设计选择最佳电极膜组成实验,得 I^- 的最佳电极膜组成。

2. 查阅文献,简述测定电极响应下限、电极响应的稳定性和重现性的方法。

3. 电极的内阻如何检测?内阻的高低对电极的使用有何影响?

4. 离子选择性电极的分析方法有哪些?

七、参考文献

[1]YUAN R, CHAI Y Q, LIU D, GAO D, LI J Z, YU R Q. Schiff base complexes of cobalt(II) as neutral carriers for highly selective iodide electrodes[J]. *Anal Chem*, 1993, 65, 2572–2575.

[2]刘冬,袁若,陈文灿,柴雅琴,高德,李俊忠,俞汝勤.以钴Schiff碱配合物为载体的PVC膜碘离子选择性电极的研究[J].高等学校化学学报,1994,7, 991–993.

[3]Shamsipur M, Yousefi M, Hosseini M, Ganjali M R, Sharghi H, Naeimi H. A schiff base complex of Zn(II) as a neutral carrier for highly selective PVC membrane sensors for the sulfate ion[J]. *Anal Chem*, 2001, 73, 2869– 2874.

[4]谢声洛.离子选择电极分析技术[M].北京:化学工业出版社,1985.

[5]王伯康,钱文浙等.中级无机化学实验(第一版)[M].北京:高等教育出版社,1984.

八、延伸阅读

Anti–Hofmeister选择性

季磷盐、邻菲咯啉的配合物及其他配合物的溶剂聚合膜也大量用于电极载体,但是该类载体电极对阴离子的响应几乎都呈现出类似相同的Hofmeister选择性序列:$ClO_4^- > SCN^- > I^- \approx Sal^- > NO_3^- > Br^- > N_3^- > NO_2^- > Cl^- > HCO_3^- > SO_4^{2-}$,即都优先响应$ClO_4^-$。这类膜电极的选择性并非基于载体与响应离子之间的特殊作用,而是取决于阴离子从水相到膜相的迁移自由水合能,自由水合能越大其选择性越高。这种Hofmeister选择性行为又称“无选择性”。因此,设计合成优先响应其他阴离子的载体电极具有非常重要的意义,也是化学传感器研究领域中重要的研究方向之一。这种电极的选择性次序与经典的Hofmeister选择性序列不符,又称为Anti–Hofmeister选择性行为。

实验3

热分解法制备Fe_3O_4磁性纳米颗粒及性能测定

一、实验目的

1. 学习掌握热分解法制备金属氧化物纳米颗粒。
2. 学习掌握粉末X射线衍射仪进行物相鉴定。
3. 了解透射电镜的原理及使用。
4. 了解粉体材料的磁化曲线测试。

二、预习要求

1. 复习理论教材中过渡族元素磁性相关内容。
2. 了解磁性材料的种类及纳米磁性材料的应用。
3. 熟悉热分解法制备纳米材料的原理。

三、实验原理

随着纳米技术的快速发展，纳米材料，特别是磁性纳米材料，因其特殊的性能开始在生物医学领域引起人们极大的研究兴趣。粒径小于20 nm的磁性纳米材料通常显现出超顺磁性，即在外磁场下，纳米材料被磁化产生磁相互作用力，而当撤销磁场后，纳米材料相对较大的内能会超过其畴壁能对磁矩的束缚，恢复磁"无序"的特点。这些特性使磁性纳米材料具有很强的可操控性，被广泛应用于生物分离、检测以及靶向药物传输。同时，小粒径的纳米材料具有高比表面积、高偶联容量等特性，更适合在生物医学领域的应用。为此，近年来一系列磁性纳米材料的制备技术得到了充分研究，使磁性纳米材料得到了空前的发展。

Fe_3O_4磁性纳米颗粒具有反尖晶石结构，在常温下表现出小尺寸效应、量子隧道效应、超顺磁性、毒副作用小，以及表面可连接生化活性功能基团等特性，被广泛用于磁共振成像(MRI)、细胞分离与标记、DNA分离、肿瘤的检测、磁热治疗及靶向药物载体等。采用热分解法制备的Fe_3O_4纳米颗粒具有结晶性和单分散性均较好等特点，成为近年来纳米材料研究的一个热点。

所谓热分解法，就是利用金属有机配合物前驱体，利用其亚稳定的特性，在高沸点溶剂中，在表面活性剂的作用下，分解形成所需的产物。在反应过程中，可通过调节反应的前驱体浓度、表面活性剂用量、温度、时间等相关因素来实现对产物的形貌、尺寸分布甚至是物相组成的调控，最终获得满足应用要求的纳米材料。本实验原理如图3-1所示，以乙酰丙酮铁Fe(acac)$_3$为前驱体，苯基醚作为溶剂，油酸和油胺为表面活性剂，采用热分解法制备纳米Fe_3O_4颗粒。

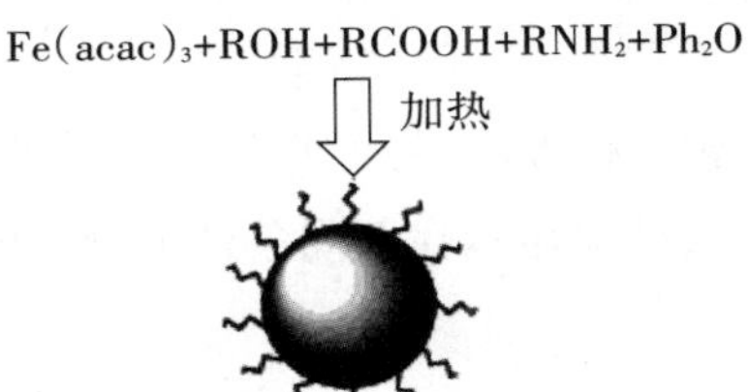

图3-1　热分解法制备Fe_3O_4纳米颗粒的示意图

四、实验用品

器材：电子天平，带回流装置的圆底烧瓶，磁力搅拌加热器，高速离心机，烘箱，多晶粉末X射线衍射仪，透射电子显微镜，SQUID传感器。

试剂：乙酰丙酮铁，苯基醚，十八烷醇，油酸，油胺，无水乙醇，正己烷，氮气，氩气，氢气。

五、实验内容

1.小尺寸Fe_3O_4纳米颗粒的合成

(1)在100 mL烧瓶中加入20 mL的苯基醚，同时取2 mmol Fe(acac)$_3$和10 mmol十八烷醇放入烧瓶，再加入油酸和油胺各6 mmol。

(2)在氮气保护下搅拌，加热到265 ℃回流反应30 min。

(3)随后冷却至室温，得到深棕色的液体。

(4)将反应液体去除,乙醇洗涤、离心,并重复至少三次。

(5)将所得沉淀物用正己烷分散,保存。

2.大尺寸Fe_3O_4纳米颗粒的制备

(1)在烧瓶中放入约60 mg小尺寸Fe_3O_4纳米颗粒作为籽晶,加入2 mmolFe(acac)$_3$前驱体、10 mmol十八烷醇,再加入油酸和油胺各2 mmol,按实验1所述步骤重复实验,收集实验产物;制备更大尺寸的Fe_3O_4纳米颗粒可以此类推,重复实验。

(2)将所得样品进行干燥,获得固体粉末样品。

3.Fe_3O_4纳米颗粒的氧化与还原

(1)取实验2所得的纳米颗粒在空气中加热至250 ℃,保温2 h,获得氧化反应的样品。

(2)取实验2所得的纳米颗粒在Ar + H_2(5%)气氛、400 ℃热处理2 h后得到的还原反应样品。

4.XRD表征

依据之前所学的X射线物相分析方法,将产物进行粉末X射线衍射结构测试分析,得到样品的XRD谱图,如图3-2所示,结果显示在不同条件下制备的产物在物相组成和衍射峰形上表现不同。

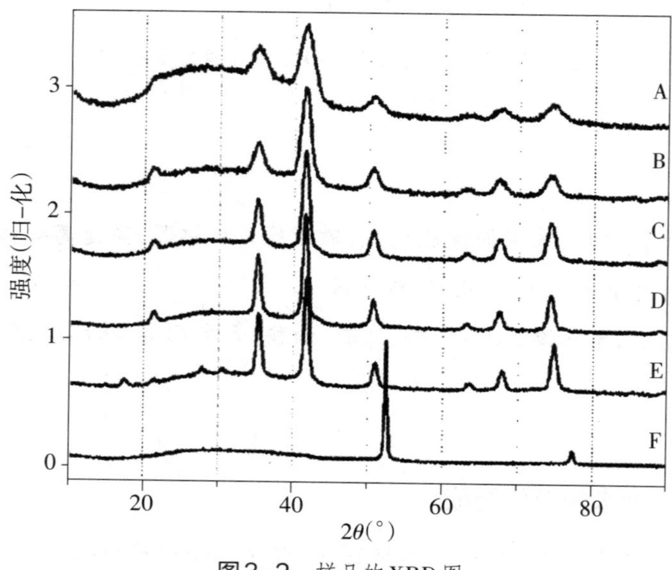

图3-2　样品的XRD图

A-D:不同尺寸Fe_3O_4颗粒的XRD粉末衍射图;E:Fe_3O_4颗粒在250 ℃氧化2 h获得的纳米颗粒;F:Fe_3O_4在Ar + H_2(5%)气氛、400 ℃热处理2 h后得到的纳米颗粒

根据实验结果完成下列填空和表3-1。

分析所有样品的XRD结果，当纳米颗粒在250 ℃氧化2 h后，获得产物的物相为＿＿＿＿；当纳米颗粒在Ar + H_2（5%）气氛、400 ℃热处理2 h后得到的物相为＿＿＿＿＿。

表3-1　根据谢乐公式估算的不同实验过程制备产物的晶粒尺寸

样品	A	B	C	D	E	F
晶粒尺寸/nm						

5.透射电镜测试

依据之前所学的透射电镜（TEM）测试方法，将产物进行微观结构形貌测试分析，得到样品的TEM图，如图3-3所示，结果表明样品由纳米颗粒组成，颗粒尺寸大小均匀。

根据图3-3（A）分析，颗粒的平均粒径为＿＿＿＿。

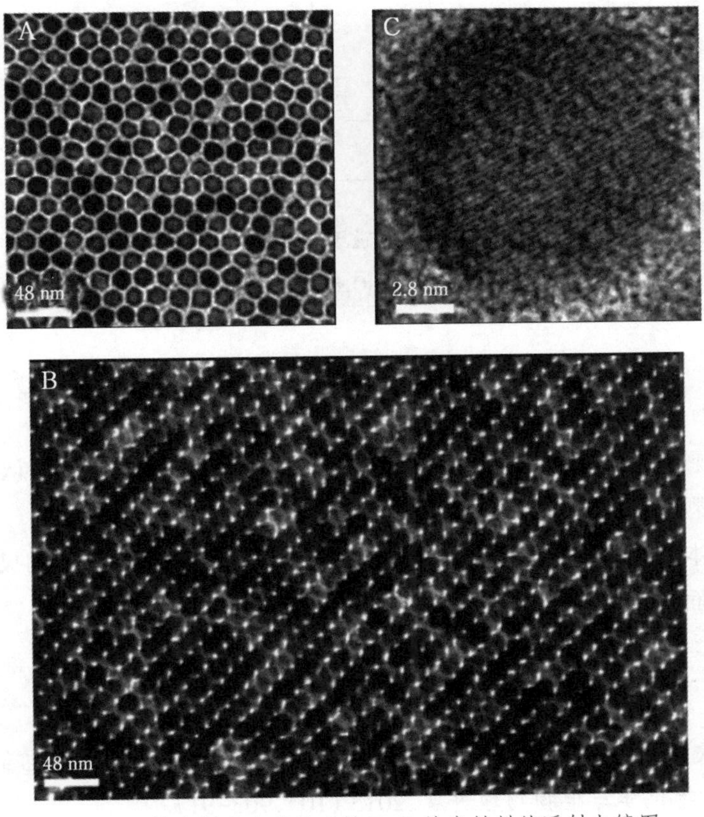

图3-3　热分解法合成的磁性Fe_3O_4纳米材料的透射电镜图

A:单层自组装排列图；B:多层自组装排列图；C:单颗粒的高分辨透射电镜图

6.超顺磁性能测试

Fe_3O_4磁性纳米粒子的磁性能用SQUID传感器进行测试。

从图3-4中可以看出，Fe_3O_4纳米粒子具有较高的饱和磁化强度，可以达到 emu/g。Fe_3O_4纳米粒子的剩余磁化强度为________，矫顽力为________，说明合成的纳米Fe_3O_4粒子具有超顺磁性。

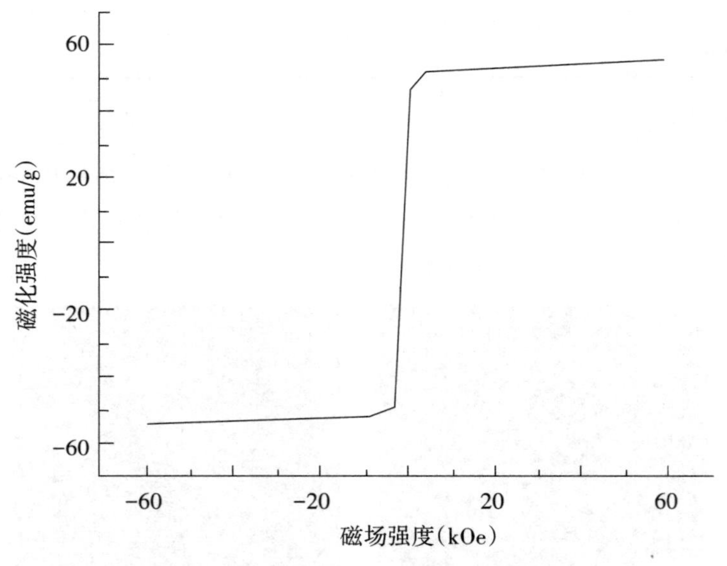

图3-4　磁场强度 Fe_3O_4纳米颗粒的磁化曲线图

六、实验思考

1.Fe_3O_4纳米颗粒中Fe元素的价态为多少？可通过什么实验进一步确认？

2.Fe_3O_4纳米颗粒的磁性是如何产生的？

3.除了采取本实验中的多次反应外，还有什么方法可调控纳米颗粒的尺寸分布？

4.实验中表面活性剂的作用是什么？可否被替代？

七、参考文献

[1]余靓，刘飞，Muhammad Zubair Yousaf，侯仰龙．磁性纳米材料：化学合成、功能化与生物医学应用[J].生物化学与生物物理进展，2013 (10)，903-917.

[2]SUN S，ZENG H. Size-controlled synthesis of magnetite nanoparticles[J]. *J Am Chem Soc*，2002，124，8204-8205.

八、延伸阅读

超顺磁性

超顺磁性(Superparamagnetism)是指颗粒小于临界尺寸时具有单畴结构的铁磁物质，在温度低于居里温度且高于转变温度(Block Temperature)时表现为顺磁性特点，但在外磁场作用下其顺磁性磁化率远高于一般顺磁材料的磁化率。临界尺寸与温度、材料有关，铁磁性转变成超顺磁性的温度常记为T_B，称为转变温度。超顺磁性随磁场的变化关系不存在磁滞现象，这与一般顺磁性相同，但在整个颗粒内存在自发磁化，即各原子磁矩的取向基本一致，只是整体磁矩的取向因受热运动的作用而随时在变化。

实验4

共沉淀法合成$NaGdF_4$:Yb^{3+}/Er^{3+}上转换纳米颗粒

一、实验目的

1. 掌握有机反应体系下的共沉淀法制备无机纳米材料。
2. 掌握稀土上转换发光的基本原理与表征。
3. 掌握粉末X射线衍射仪的使用。
4. 了解透射电镜的原理及使用。

二、预习要求

1. 复习理论教材中稀土元素相关内容。
2. 预习了解荧光光谱仪、粉末X射线衍射仪及透射电镜。
3. 了解稀土上转换发光的基本原理。
4. 了解稀土氟化物的各种制备方法。

三、实验原理

稀土发光材料是一类非常重要的光学材料，由于其种类繁多，且具有独特的光谱结构和优异的光学特性，吸引了材料学、化学、物理学及医学诊断等诸多领域科研工作者的广泛兴趣。在稀土掺杂的无机发光纳米材料家族中，有一类特殊的发光材料，即上转换荧光材料，它能够通过双光子或多光子机制将低频率的激发光（近红外光）转换成高频率的发射光（紫外可见光)。这种现象是违背斯托克斯定律的,因此又被称为反斯托克斯定律发光材料。“上转换发光”的概念最早是于1966年由Auzel提出的,他在研究钨酸镱钠玻璃时意外发现,当基质材料中掺入Yb^{3+}后,Er^{3+}、Ho^{3+}、Tm^{3+}在红外光激发下,可见光发光强度显著提高,由此正式提出了上转换发光的概念。此后,有关上转换材料的研究和应用取得了迅猛发展。上转换发光最常见的原理如图4-1所示,敏化离子(Sensitizer)吸收能量后将激发态能量传递给激活离子(Activator),随后激活离子发生连续向上跃迁(0→1,1→2),到达更高的能级,最终电子跃迁到基态,发射出一个能量比激发光子高的新的光子。此过程通常也被称为能量传递上转换(ETU)过程,激发光子(IR)的能量小于最终的发射光子(VIS)的能量。

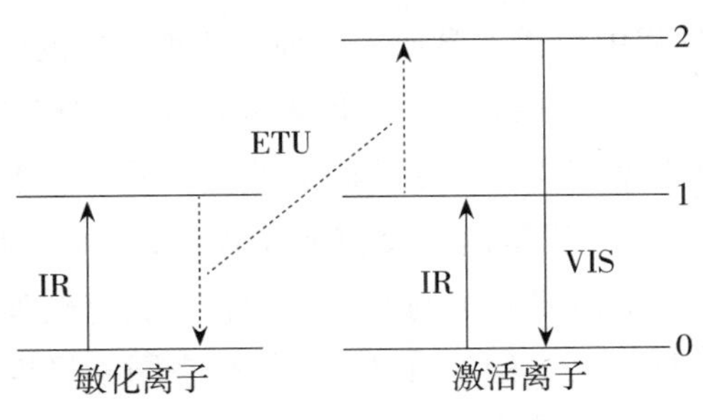

图4-1　上转换发光原理示意图

发光效率是上转换材料最为重要的性能指标。上转换发光效率受到许多因素的影响,除了发光中心离子自身的能级结构及由此引起的不同的发光机制外,基质材料也是影响上转换发光效率的关键因素。基质材料对上转换发光效率的影响主要取决于其声子能量。声子是指晶体中晶格振动的能量量子。简单而言,声子是一种准粒子,能够与其他声子以及光子相互作用。稀土离子掺杂在声子能量低的基质材料中,具有较高的上转换荧光效率,因为低的声子能量能够显著降低非辐射跃迁概率,保证有较高的激发态辐射跃迁概率。

氟化物具有较高的化学稳定性,稀土离子与氟离子间的作用呈现很强的离子键性质,能够很容易地掺杂到氟化物基质中。另外,氟化物基质材料的声子能量也较低,稀土离子在氟化物基质中能够保持较高的上转换荧光效率。例如,对于共掺杂Yb^{3+}/Er^{3+}或Yb^{3+}/Tm^{3+}离子对的上转换发光材料,$NaREF_4$(RE=Y,La,Gd,Lu)是目前已知的上转换发光效率最高的基质材料之一。因此,氟化物为基质的上转换纳米材料一直是相关领域的研究热点。目前,常用的稀土氟化物发光纳米晶,尤其是单分散纳米晶的合成方法按照其工艺特点可以大致分为三类:(1)基于溶度积原理的液相共沉淀类合成方法;(2)水热/溶剂热类合成方法;(3)高温热解三氟乙酸盐法。这三类工艺基本涵盖了近年来稀土氟化物发光纳米晶的绝大多数合成方法。其中,基于溶度积原理的共沉淀类合成方法是应用最广的一类氟化物纳米材料合成方法。本实验将重点学习该方法合成单分散$NaGdF_4$:Yb^{3+}/Er^{3+}上转换纳米颗粒。

在共沉淀合成$NaGdF_4$:Yb^{3+}/Er^{3+}上转换纳米颗粒的实验中，以稀土氯化物或硝酸盐为原料，氟源由NaF、NH_4F或HF提供，基于溶度积原理，反应物混合后会迅速发生共沉淀反应而生成相应氟化物纳米粒子。整个纳米颗粒的形成过程可以分为“成核”与“生长”两个阶段，并可通过Lamer提出的快速成核时间模型得到解释。在该模型中，当反应物溶液过饱和时，溶质通过成核以新的相态从溶液中析出，然后通过分子的不断缔合形成颗粒，并以此降低溶液的过饱和程度。当溶液浓度低于临界值，停止成核，但通过分子缔合进行的核生长过程继续进行，直到达到沉淀物的平衡浓度。通过快速的成核及随后的熟化过程（此时小粒子生长较快而大粒子生长较慢），可以得到粒度均一的产物。

对于这类方法，合成过程中往往需要加入一种或几种合适的配体试剂，配体试剂一般会与稀土离子发生络合，一方面可以控制结晶速度来调控粒子的粒径，另一方面可以调控产物的表面性能而使颗粒能够根据需要分散在不同极性的介质中。本类合成方法操作简单、成本较低，因此获得了广泛应用。但是由于反应速度较快，得到的氟化物产品结晶度相对较差，对于上转换发光材料，一般需要后续的热处理过程才会有较强的荧光。另外，作为最有效的可见上转换发光基质材料之一的$NaREF_4$，可能存在同素异构，不同结构发光性能存在较大差异，在制备过程中也许能探索获得单一物相的精确条件。

四、实验用品

器材：电子天平，磁力搅拌器，真空泵，加热台，热电偶，锥形瓶，三角圆底烧瓶，量筒，移液枪，注射器，离心机，多晶粉末X射线衍射仪，荧光光谱仪，透射电子显微镜。

试剂：醋酸钆（99.99%），醋酸镱（99.99%），醋酸铒（99.99%），NaOH（分析纯），NaF（分析纯），NH_4F（分析纯），油酸（90%），1-十八烯（90%），甲醇，乙醇，正己烷，去离子水，高纯氩气。

五、实验内容

1.上转换纳米颗粒的制备

（1）分别配制：①各稀土醋酸盐水溶液（0.2 mol/L），②NaOH甲醇溶液（1 mol/L），③NH_4F甲醇溶液（0.4 mol/L）。

（2）取1 mL醋酸钆溶液、0.98 mL醋酸镱溶液、0.02 mL醋酸铒溶液放入50 mL圆底烧瓶，加入4 mL油酸和6 mL1-十八烯。

（3）固定烧瓶，插入热电偶，加热至150 ℃，磁力搅拌保持40 min，此间防止液体暴沸，并敞开烧瓶排水排气。

(4)停止加热,降温,保持搅拌,待液体冷却至室温后,取1 mL NaOH溶液与3.3 mL NH_4F溶液,混合均匀后快速注入烧瓶。

(5)将反应液再次加热至50 ℃,保温反应30 min。

(6)升高温度到65~71 ℃,保温充分去除甲醇,期间可适时抽真空。

(7)继续升温至120 ℃,通入氩气,此期间继续观察,直至液体澄清,无气泡。

(8)以10 ℃/min的速率升温至300 ℃,保温反应2 h,保持氩气通入,整个过程持续搅拌。

(9)移走加热台,冷却至室温。

(10)去除反应液,清洗、离心、收集样品。

2.X射线衍射分析

依据之前所学的X射线物相分析方法,对产物进行粉末X射线衍射结构测试分析,对所得样品进行物相鉴定,并根据谢乐公式计算样品的晶粒大小。图4-2所示为β-$NaGdF_4$标准粉末衍射谱(ICSD #415868),可以此作为测试的参考,并对照分析实验测试谱图与标准谱图差异的原因。

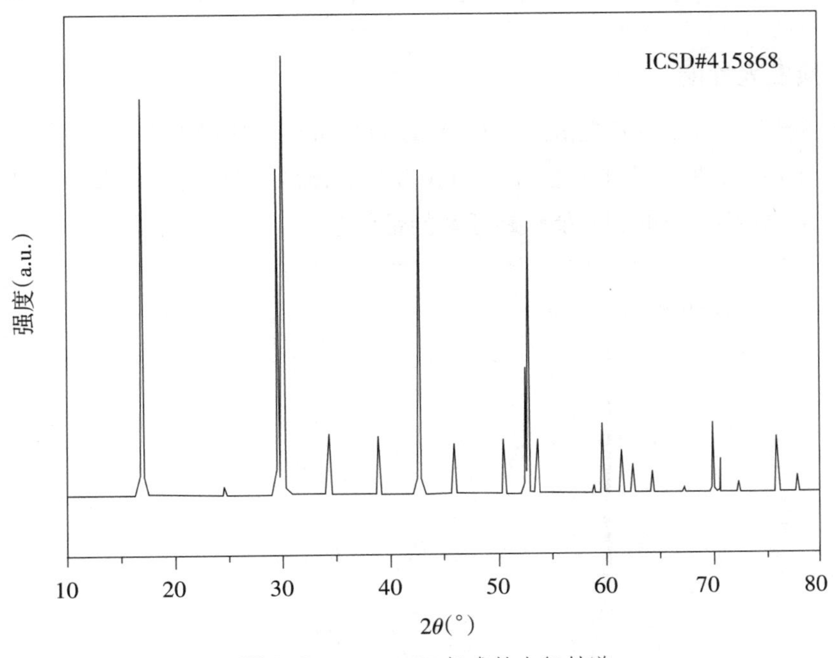

图4-2 β-$NaGdF_4$标准粉末衍射谱

3. 透射电镜测试

依据之前所学的透射电镜测试方法，对产物进行微观结构形貌测试分析，得到样品的TEM图。图4-3所示为文献报道按此方法得到的TEM形貌图，作为参考，对比自身实验结果，并寻找产生实验差异的原因。

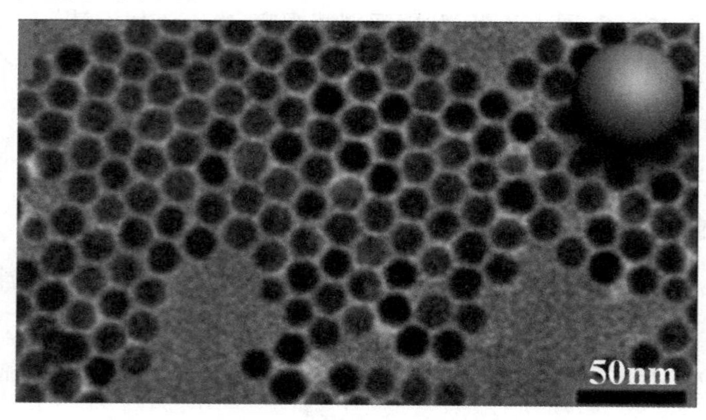

图4-3　高温共沉淀法制备上转换纳米颗粒TEM照片

4. 上转换发光性能

室温下，使用F-7000荧光光谱仪（用1 W的980 nm LED作激发光源）测试样品的上转换发射光谱。图4-4(a)所示为上转换发光的参考图谱，对比自身实验结果，并在图4-4(b)中用箭头标注出上转换对应的相关能级跃迁和能量传递。

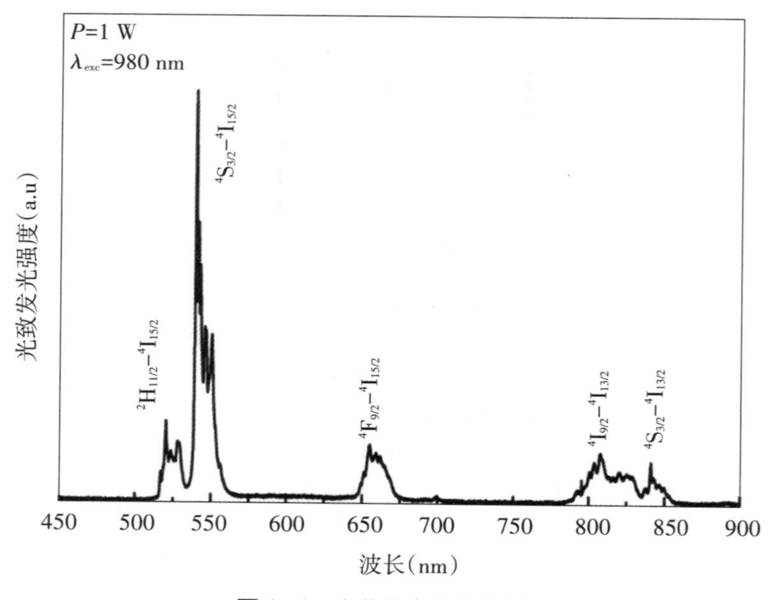

图4-4　上转换发射光谱图

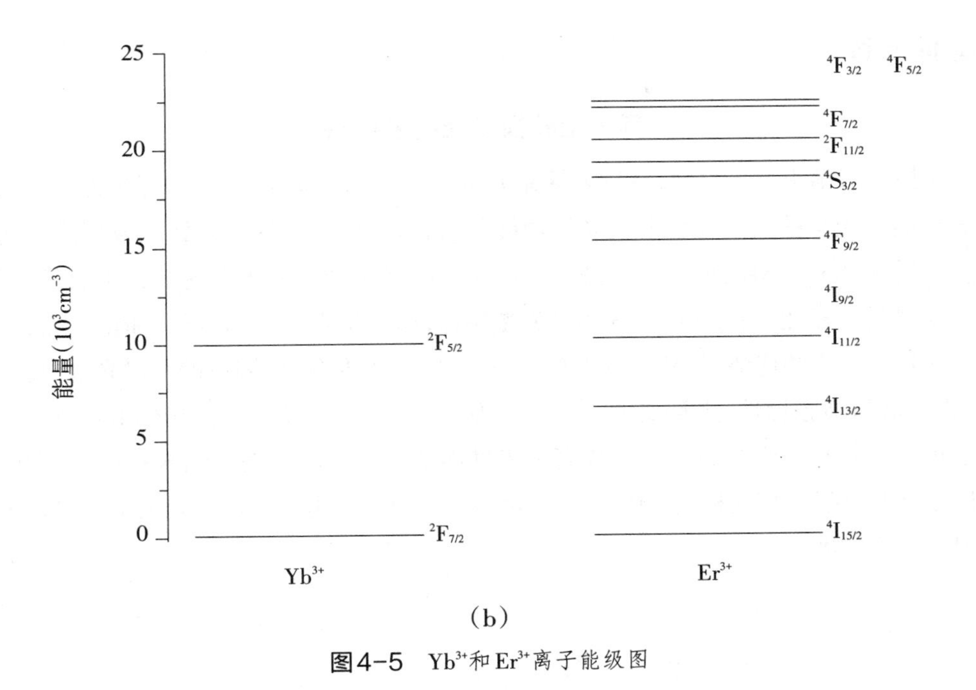

(b)

图4-5 Yb^{3+}和Er^{3+}离子能级图

六、实验思考

1.实验中几种稀土元素各自发挥的作用是什么?

2.若实验中出现了杂质,其存在的热力学根据是什么?

3.实验过程中加油酸和1-十八烯的目的是什么?

4.TEM显示的形貌与颗粒本身的晶体结构是否有内在关联?

5.若此材料应用于生物荧光成像,至少需要满足哪些性能方面的要求?

七、参考文献

[1]WANG F, DENG R, LIU X. Preparation of core-shell $NaGdF_4$ nanoparticles doped with luminescent lanthanide ions to be used as upconversion-based probes[J]. *Nature Protocols*, 2014, 9, 1634.

[2]Agnieszka N, Artur P. Size and shape effects in β-$NaGdF_4$:Yb^{3+}, Er^{3+} nanocrystals[J]. *Nanotechnology*, 2017, 28, 175706.

八、延伸阅读

稀土上转换发光纳米材料

上转换纳米稀土发光材料，特别是镧系元素掺杂的纳米晶体，是一种能将低能量的光子转换成高能量光子的反斯托克斯发光的功能材料，由于能将近红外光转换成可见光而备受青睐。上转换发光材料的最大特点是材料所吸收的光子能量低于发射的光子能量，所以称为上转换材料。相比于传统的“下转换”荧光探针，如有机染料、荧光蛋白和量子点，上转换发光物质具有众多的优势，如狭窄的发射带宽，长的发光寿命，可调节的发射光谱，高的光稳定性，相对低的细胞毒性，更重要的是它在成像过程中零背景，使得它具有非常高的成像灵敏度。很多生物材料学者致力于合成高发光性能的稀土上转换发光纳米材料，将它应用于生物标记、细胞成像、病变检测、DNA 检测、生物传感等。稀土上转换发光纳米材料在生物上具有很大的应用潜力。

实验5 羟基磷灰石纳米纤维的制备及性质表征

一、实验目的

1. 掌握沉淀-水解法制备羟基磷灰石。
2. 掌握粉末X射线衍射仪和红外光谱仪的使用。
3. 了解透射电镜的原理及使用。
4. 了解生物矿化的原理及应用。

二、预习要求

1. 复习理论教材中主族元素相关内容。
2. 预习了解粉末X射线衍射仪、透射电镜及红外光谱仪。
3. 学习羟基磷灰石的各种制备方法。

三、实验原理

生物矿物是在自然界中大量存在、在生物分子调控下形成的具有精细结构和优异性能的无机矿物材料，如脊柱动物的牙齿和骨骼、软体动物的壳等。羟基磷灰石（Hydroxyapatite，HA）是在生物体内自然矿化形成的一种磷酸钙类材料。羟基磷灰石是脊椎动物骨骼和牙齿的主要无机成分，无毒、无免疫原性，具有良好的骨传导、骨诱导能力以及优良的生物相容性和生物活性，羟基磷灰石表面不同的微纳米结构能产生不同的物理、化学以及生物学效应。因此，仿生合成具有特定形貌、尺寸、生长取向和高度组装的羟基磷灰石材料，将在生物硬组织修复替换、组织工程、药物输运、环境治理、催化等领域有着巨大的应用潜力。

羟基磷灰石为六方晶系，晶体学参数为a=9.418 Å，c=6.881Å，β=120°。纯的化学计量比羟基磷灰石的单位晶胞包含10个Ca^{2+}、6个PO_4^{3-}和2个OH^-，晶体结构如图5-1所示。PO_4^{3-}基团以四面体存在，其中磷原子为中心，4个氧原子为四面体的顶端。从(001)面投影看，4个Ca^{2+}与9个PO_4^{3-}基团的氧配位，形成多面体，表示为Ca(Ⅰ)；其他的6个Ca^{2+}配位数为7，表示为Ca(Ⅱ)，被6个PO_4^{3-}基团的O和1个OH^-包围。这两种Ca(Ⅰ)和Ca(Ⅱ)通过与PO_4^{3-}四面体共顶或者共面连接，使得羟基磷灰石结构有较好的稳定性能。同时，羟基磷灰石还可以通过特定的修改调整两种不同的钙位点，所以羟基磷灰石也是一种高度非化学计量的钙磷酸盐化合物，Ca/P物质的量比为1.50～1.67。羟基磷灰石的结构还允许存在大量的取代，在天然的羟基磷灰石中，存在着镁、钠、氯、硅、氟、锶、碳等多种多样掺杂的微量元素。此外，羟基磷灰石的两组晶面带电性质不同，a、b面带正电，c面带负电。羟基磷灰石微溶于水，将其溶入水后，水溶液将呈弱碱性，pH在7～9之间，而羟基磷灰石本身易溶于酸不易溶于碱。羟基磷灰石可与蛋白质、有机酸、氨基酸等含羧基(—COOH)的物质发生反应。羟基磷灰石暴露在外面的基团不同会导致不同的性质，当OH^-位于晶体表面时，容易吸附PO_4^{3-}和羧基基团；当Ca(1)位于平行于单晶横截面平面时，容易吸附蛋白质、有机酸和氨基酸中显正电的基团，以及Sr^{2+}、K^+等阳离子。这些特性使得羟基磷灰石常作为生物硬组织骨和牙齿修复材料，以及作为蛋白和重金属等的吸附分离材料使用。

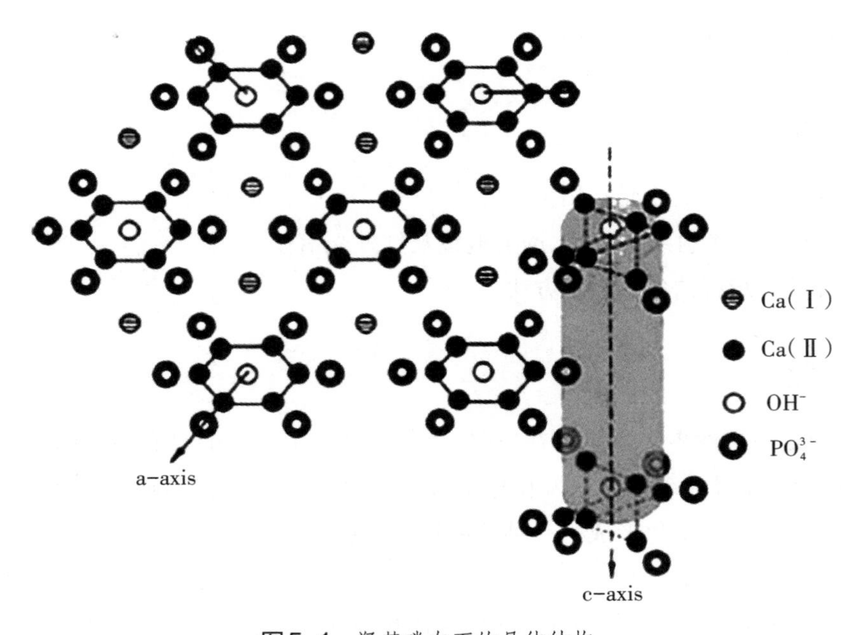

图5-1 羟基磷灰石的晶体结构

目前,羟基磷灰石纳米材料的合成方法种类繁多,总的可以分为干法、湿法、高温法和通过生物源制备羟基磷灰石纳米材料。干法,即在羟基磷灰石纳米材料的合成过程中无须使用溶剂。干法的特点在于,所合成的纳米颗粒受到制备过程参数的影响较小,因此不需要十分精确地控制制备条件,使得干法合成适用于纳米颗粒的大批量制备。典型的干法包括固相反应法和机械化学法。通过固相反应法合成羟基磷灰石纳米颗粒,具体是以磷酸钙和氧化钙或碱等钙盐(如 $CaHPO_4$ 与 CaO,$Ca_2P_2O_7$ 与 CaO)为原料,通过研磨、高温烧结来合成羟基磷灰石纳米颗粒。利用固相反应法可以合成具有确定化学计量比以及高结晶度的羟基磷灰石纳米颗粒,且方法简单,易于实现羟基磷灰石纳米材料的大批量生产。但是,固相法合成羟基磷灰石纳米颗粒也存在着一些缺点,包括产物的尺寸分布不均匀、颗粒团聚严重、颗粒尺寸较大等。机械化学法也被称为机械合金法,是一种用于合成纳米合金粉体和纳米陶瓷粉体等先进材料的简便方法。利用机械化学法合成的羟基磷灰石纳米颗粒,具有尺寸分布均匀、结构规整等特点。

羟基磷灰石纳米材料还可以通过多种不同的方法在溶液中更为温和的条件下被制备出来。湿法主要包括沉淀法、溶胶-凝胶法、微乳液法、水解法、水热/溶剂热法、微波辅助加热法、超声波法等。与干法相比,湿法的制备过程中各实验参数对产物的影响较大,因此可以通过调整实验过程中的温度、加热方式、溶剂比例、溶剂种类、反应物浓度、pH 等众多实验条件来调控羟基磷灰石纳米材料的形貌、尺寸以及结构。

高温法可以分为燃烧法和喷雾热解法。燃烧法合成羟基磷灰石纳米材料的优势在于其能够通过一步操作快速合成高纯度的羟基磷灰石材料。在反应过程中,氧化剂(硝酸钙和硝酸)与有机燃料(如尿素、柠檬酸等)发生快速的、放热的、自维持的氧化还原反应,最终形成羟基磷灰石纳米材料。喷雾热解法是利用超声发生器将前驱体溶液雾化,然后将其喷入高温区域中,在高温条件下进行反应的方法。利用喷雾热解法合成的羟基磷灰石纳米材料具有结晶度高、均匀性好、化学计量比确定等优点,但是存在着容易产生二次团聚等问题。

羟基磷灰石纳米材料的合成方法还包括生物源转化法。在自然界中存在着大量含有羟基磷灰石材料的生物废弃物,包括牛骨、鱼骨等天然骨材料,从这些废弃物中提取羟基磷灰石材料,不仅绿色、环保,还可以有效节约成本。此外还可以利用自然界中富含钙离子的天然材料为前驱体(如蛋壳、贝壳)(如图5-2所示),合成羟基磷灰石纳米材料。

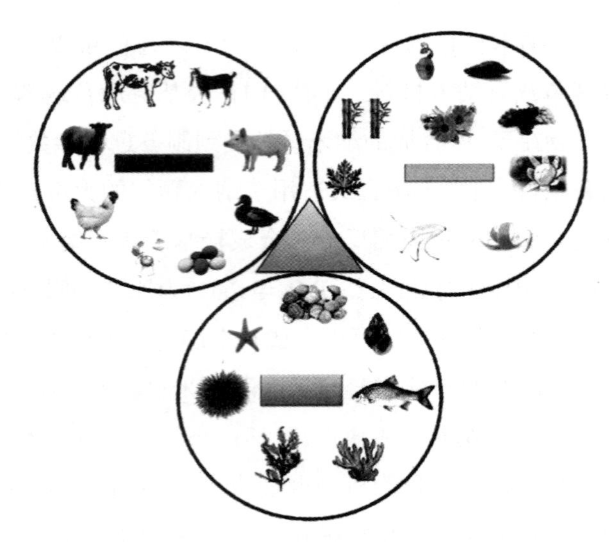

图5-2 用于合成羟基磷灰石材料的生物源

通过不同的方法可制备不同形貌结构、性能迥异的羟基磷灰石。目前已经合成出了具有各种形貌、尺寸的羟基磷灰石纳米材料，包括纳米颗粒、纳米棒、纳米球、纳米晶须、纳米管、纳米线、纳米带、中空微球、空心胶囊、纳米片、核壳结构以及组装体结构等。因此，羟基磷灰石在很多领域都有广泛的应用，如骨和牙齿的修复、环境治理（重金属吸附）、催化领域（纳米颗粒仿生合成）及陶瓷（仿生陶瓷薄膜）等领域。

四、实验用品

器材：电子天平，烧杯，三颈烧瓶，量筒，滴管，pH试纸，数显磁力搅拌加热器，布氏漏斗，滤瓶，真空循环水泵，表面皿，烘箱，多晶粉末X射线衍射仪，透射电子显微镜，红外光谱仪。

试剂：$Ca(NO_3)_2 \cdot 4H_2O$（分析纯），$(NH_4)_2HPO_4$（分析纯），十六烷基三甲基溴化铵（CTAB）（分析纯），氨水，乙醇，去离子水。

五、实验内容

1.磷酸氢钙的制备

称取0.121 g CTAB置于烧杯中，溶于20 mL去离子水中，接着加入11.811 g $Ca(NO_3)_2 \cdot 4H_2O$进行搅拌溶解得到溶液A；称取6.605 g $(NH_4)_2HPO_4$置于另一烧杯中，加入15 mL去离子水配制$(NH_4)_2HPO_4$溶液B。然后用滴管缓慢滴加溶液B于溶液A中，直至加完溶液B后，继续搅拌3 h，然后减压过滤并用去离子水和乙醇洗涤数次，所得沉淀于80 ℃烘干，得产品$CaHPO_4$。

2.羟基磷灰石的制备

将0.62 g $CaHPO_4$加入三颈烧瓶中，加入100 mL去离子水，然后加入氨水调节溶液的pH为10，在60 ℃下搅拌6 h，在此期间观察溶液的pH，通过滴加氨水溶液使溶液pH始终保持为10。然后减压过滤并用去离子水和乙醇洗涤数次，所得沉淀于80 ℃烘干，获得产品羟基磷灰石。

3.X射线衍射分析

依据之前所学的X射线物相分析方法，将产物进行粉末X射线衍射结构测试分析，得到样品的XRD谱图（图5-3和图5-4），结果显示沉淀步骤制得的是$CaHPO_4$，水解步骤所得最终产品可以归属为六方的羟基磷灰石纯相。

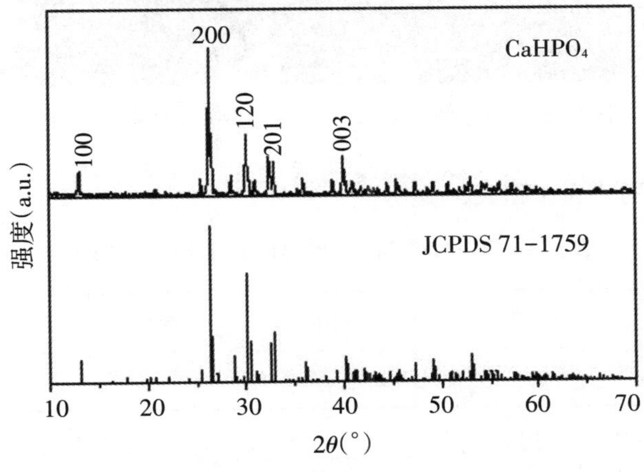

图5-3　沉淀步骤所得$CaHPO_4$的XRD图

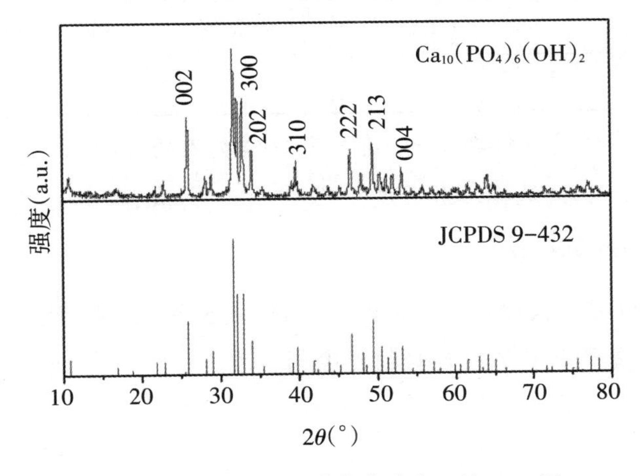

图5-4　水解步骤所得羟基磷灰石的XRD图

4. 透射电镜测试

依据之前所学的透射电镜测试方法，对产物进行微观结构形貌测试分析，得到样品的TEM照片（图5-5）。结果表明羟基磷灰石样品由纳米纤维组成，而前驱体磷酸氢钙为微米块状。

图5-5　羟基磷灰石(a)和磷酸氢钙(b)的TEM照片

根据测试结果填写表5-1和表5-2。

表5-1　不同水解温度所得羟基磷灰石的形貌

水解温度/℃	室温	40	60	80	100
样品形貌					

通过比较，该条件下水解温度为________时羟基磷灰石形貌最佳。

表5-2　不同掺杂剂所得羟基磷灰石的形貌

掺杂剂种类	CTAB	甘氨酸	PEG(6000)	PVP K30
样品形貌				

通过比较，可以发现随着掺杂剂的不同，羟基磷灰石的形貌________；综合考虑能耗及样品形貌、结晶度等因素，选择水解温度________为宜，理由是________。

5. 羟基磷灰石的红外分析

室温下，使用红外光谱仪测试样品的红外光谱（图5-6），结果表明羟基磷灰石样品表面与文献报道的典型羟基磷灰石的红外吸收光谱相一致。

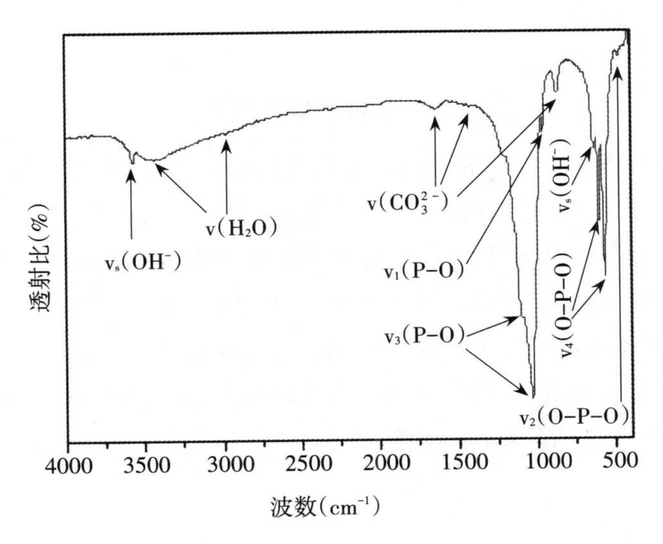

图5-6 羟基磷灰石的FT-IR谱图

六、实验思考

1. 实验过程中加CTAB的目的是什么?

2. 可以用什么方法确认所得样品中Ca^{2+}/P^{5+}的实际比例是多少?

3. 实验过程中水解步骤加氨水的目的是什么?

4. 本实验中采用两步法制备的羟基磷灰石与采用一步法直接制备的羟基磷灰石有什么区别?

七、参考文献

[1]KONG Deyan, XIAO Xinli, QIU Xueying, ZHANG Wenbo, and YANG Yulin . Synthesis of hydroxyapatite nanorods under mild conditions and their drug release properties[J]. *Chinese Journal of Chemistry*, 2015,33 (9), 1024-1030.

[2]YANG Yulin, KONG Deyan, XIAO Xinli, Control of one-dimensional hydroxyapatite nanocrystals at mild conditions: organic additive effects[J]. *Micro & Nano Letters* 2015, 10(6), 302-306.

[3]XIAO Xinli, KONG Deyan, ZHANG Jusheng. Morphologically controlled synthesis of hydroxyapatite at mild conditions[J]. *Chinese Journal of Inorganic Chemistry*. 2016, 32 (2), 289-296.

八、延伸阅读

人体中的羟基磷灰石

羟基磷灰石是脊椎动物骨骼和牙齿的主要无机组成成分，人的牙釉质中羟基磷灰石的质量分数约96%，骨头中也约占到69%。羟基磷灰石具有优良的生物相容性和生物活性，并可作为一种骨骼或牙齿的诱导因子，在口腔保健领域中对牙齿具有较好的再矿化、脱敏以及美白作用。实验证明羟基磷灰石粒子与牙釉质生物相容性好，亲和性高，其矿化液能够有效形成再矿化沉积，阻止钙离子流失，解决牙釉质脱矿问题，从根本上预防龋齿病。含有羟基磷灰石材料的牙膏对唾液蛋白、葡聚糖具有强吸附作用，能减少患者口腔的牙菌斑，促进牙龈炎愈合，对龋病、牙周病有较好的防治作用。

实验 6

钛铬黄彩色颜料的制备及性能测试

一、实验目的

1. 学习无机彩色颜料的制备方法。
2. 了解掺杂离子对颜料颜色性能的影响。
3. 学习颜色性能的测试。

二、预习要求

1. 复习理论教材中元素相关内容。
2. 预习了解粉末X射线衍射仪、紫外可见分光光度计及色差仪。
3. 学习钛铬黄无机复合颜料的各种制备方法。

三、实验原理

1. 钛铬黄颜料

本实验制备的无机颜料为钛铬黄无机复合颜料，通过对金红石TiO_2的Cr和Sb共掺杂，得到橘黄色的无机颜料。因为单纯的Cr掺杂可能会形成氧缺陷，从而导致颜料颜色偏暗，因此，在掺入Cr的同时，掺入等量的Sb以实现电荷补偿，消除氧空位，从而使颜料具有更加鲜艳的颜色。

2. 色度值计算

颜料的颜色均匀性采用CIE1976LAB色彩空间的色差$\triangle E$值表示。CIE1976LAB系统现已成为国际通用的颜色测量标准,适用于一切光源色或物体色的表示及计算。CIE是国际照明委员会(Commission International D'Eclairage)的法文首字母缩写,L^*、a^*、b^*代表该三维色彩模型的三个坐标轴。L^*为颜色的明度坐标轴;a^*为红绿色度坐标轴,"+"表示红色,"-"表示绿色;黄蓝色度坐标轴,"+"表示黄色,"-"表示蓝色。

色度坐标的计算:建立色度坐标计算Excel表格,各列分别输入间隔为5 nm的可见光范围内波长、CIE标准照明体D65相对光谱功能分布(波长范围380~780 nm,波长间隔5 nm)、CIE1964标准色度观察者[色匹配函数$X_{10}(\lambda)$、$Y_{10}(\lambda)$、$Z_{10}(\lambda)$](波长范围380~780 nm,波长间隔5 nm)、用分光光度计测试的玻璃样品光谱透射或反射数据(波长范围380~780 nm,波长间隔5 nm)。CIE1964标准色度系统样品测量透射色三刺激值X_{10}、Y_{10}、Z_{10}计算公式如下:

$$X_{10}=100\sum\tau(\lambda)S(\lambda)X_{10}(\lambda)\triangle\lambda/\sum S(\lambda)Y_{10}(\lambda)\triangle\lambda$$

$$Y_{10}=100\sum\tau(\lambda)S(\lambda)Y_{10}(\lambda)\triangle\lambda/\sum S(\lambda)Y_{10}(\lambda)\triangle\lambda$$

$$Z_{10}=100\sum\tau(\lambda)S(\lambda)Z_{10}(\lambda)\triangle\lambda/\sum S(\lambda)Y_{10}(\lambda)\triangle\lambda$$

式中:X_{10}、Y_{10}、Z_{10}——CIE1964标准色度系统三刺激值;

$X_{10}(\lambda)$、$Y_{10}(\lambda)$、$Z_{10}(\lambda)$——CIE1964标准色度观察者色匹配函数(GB/T3979给定);

$S(\lambda)$——CIE标准照明体D65的相对光谱功率分布(GB/T3979给定);

$\tau(\lambda)$——样品测量所得光谱透射比(如果是反射光谱则用反射率代替该值);

λ——波长,范围为380~790 nm;

$\triangle\lambda$——波长间隔,5 nm。

求出样品CIE1964标准色度系统测试三刺激值X_{10}、Y_{10}、Z_{10}后,根据下列公式计算出样品的色度坐标值L^*、a^*、b^*;

$$L^*=116(Y_{10}/Y_n)^{1/3}-16,Y_{10}/Y_n>0.008856$$

$$a^*=500[(X_{10}/X_n)^{1/3}-(Y_{10}/Y_n)^{1/3}],X_{10}/X_n>0.008856$$

$$b^*=200[(X_{10}/X_n)^{1/3}-(Z_{10}/Z_n)^{1/3}],Z_{10}/Z_n>0.008856$$

式中:L^*、a^*、b^*——三维直角坐标系统的坐标值;

X_{10}、Y_{10}、Z_{10}——根据样品光谱透射数据计算所得样品CIE1964标准色度系统三刺激值;

X_n、Y_n、Z_n——完全漫反射面的三刺激值(10° 视场标准照明体D65系统中X_n=94.81、Y_n=100、Z_n=107.32)。

四、实验用品

器材：圆底烧瓶（100 mL），冷凝管，磁力搅拌加热套，搅拌子，烧杯，坩埚（2个），布氏漏斗，X射线衍射仪，紫外可见分光光度计，色差仪，培养皿，马弗炉等。

试剂：$TiCl_4$，$CrCl_3$，PEG1000，$SbCl_3$，氨水，无水乙醇，丙烯酸树脂乳液，去离子水。

五、实验内容

1.钛铬黄颜料制备

取45 mL的$TiCl_4$加入烧瓶中，加入0.45 g PEG1000，然后加热沸腾，快速搅拌下回流4 h；冷却后，抽滤；滤饼烘干后，获得TiO_2粉末待用。

TiO_2粉末称量分成两份，加入一定量去离子水，配成固体含量为20%的悬浊液，按物质的量比5%（相对TiO_2）加入$CrCl_3$，搅拌溶解；同样按物质的量比5%取$SbCl_3$，用无水乙醇溶解（3~5 mL），搅拌下，把$SbCl_3$醇溶液缓慢滴加到TiO_2和$CrCl_3$的混合悬浊液中；滴加完后，用20%的氨水，缓慢调节pH为7左右；过滤，用去离子水洗涤3次，得到的样品干燥，研磨后，放入700 ℃的马弗炉中煅烧1 h，即可得到钛铬黄颜料。

作为对比样品，制备Cr掺杂TiO_2，即加入等量的$CrCl_3$，而不加入$SbCl_3$，其他步骤不变。

2.漆膜的测试

取10 g丙烯酸树脂乳液，加入0.2 g钛铬黄颜料（包括对比样），搅拌或超声分散，待颜料均匀分散于乳液中后，涂膜或者直接转移到培养皿中，待乳液干后，刮下漆膜测试其紫外可见吸收光谱和测色度值。

3.颜料的测定

获得的颜料直接测XRD以评定颜料的相组成，测紫外可见吸收光谱；颜料和漆膜拍照；漆膜测紫外可见漫反射光谱，利用反射光谱中的反射值计算色度值：L^*，a^*，b^*；用色差仪直接测漆膜的色度值。

六、实验思考

1.分析Sb的作用。

2.对钛铬黄颜料的制备，除了用Sb的氧化物做电荷补偿剂，还可以选用哪些元素的氧化物？

七、参考文献

[1] J Zou，P Zhang，C H Liu，Y G Peng. Highly dispersed（Cr，Sb）-co-doped rutile pigments of cool color with high near-infrared reflectance[J]. *Dyes and Pigments*，2014，109，113-119.

[2]国家技术监督局. 彩色建筑材料色度测量方法:GB/T 11942-1989[S/OL].http://www.biaozhuns.com/archives/20170320/show-163984-85-1.html

[3] 中华人民共和国国家质量监督检验检疫总局，中国国家标准化管理委员会[S/OL]. http://www.csres.com/detail/190503.html

八、延伸阅读

CIE标准色

表6-1　CIE1964标准色度观察者色匹配函数与CIE标准照明体D65的相对光谱功率分布

波长/nm	$S(\lambda)X10$	$S(\lambda)Y10$	$S(\lambda)Z10$
380	0.0004	0	0.0015
385	0.0016	0.0002	0.0065
390	0.0056	0.0007	0.0247
395	0.0213	0.0004	0.9550
400	0.068	0.0071	0.3062
405	0.1627	0.0169	0.7388
410	0.3334	0.0346	1.5329
415	0.5593	0.0577	2.6129
420	0.8221	0.0860	3.9094
425	1.0257	0.1143	4.9696
430	1.1737	0.1143	5.7938
435	1.4740	0.2044	7.4110
440	1.7312	0.2802	8.8760
445	1.8459	0.3566	9.6770
450	1.8663	0.4506	10.0429
455	1.7327	0.5370	9.6019
460	1.5323	0.6498	8.8474
465	1.2720	0.7649	7.7834
470	0.9667	0.9153	6.5116

续表

波长/nm	$S(\lambda)X10$	$S(\lambda)Y10$	$S(\lambda)Z10$
475	0.6568	1.0918	5.1148
480	0.4015	1.2649	3.8510
485	0.1987	1.4394	2.7564
490	0.0758	1.5876	1.9443
495	0.0239	1.8557	1.4193
500	0.0179	2.1680	1.0280
505	0.0719	2.4826	0.7438
510	0.1739	2.8140	0.5195
515	0.3266	3.1362	0.3760
520	0.5307	3.4348	0.2737
525	0.7908	3.7634	0.1970
530	1.0958	4.9553	0.1413
535	1.3881	4.2153	0.0940
540	1.6927	4.3217	0.0615
545	2.0253	4.4048	0.0354
550	2.3719	4.4402	0.0179
555	2.7044	4.3856	0.0048
560	3.0342	4.2910	0
565	3.3529	4.1496	0
570	3.642	3.9607	0
575	3.9314	3.7826	0
580	4.1800	3.5812	0
585	4.2636	3.2766	0
590	4.2682	2.9666	0
595	4.3607	2.7695	0
600	4.3530	2.5495	0
605	4.2080	2.2947	0
610	3.9728	2.0355	0
615	3.6263	1.7614	0
620	3.2312	1.5022	0
625	2.7768	1.2492	0
630	2.3104	1.0160	0

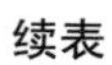

续表

波长/nm	$S(\lambda)X10$	$S(\lambda)Y10$	$S(\lambda)Z10$
635	1.9222	0.8201	0
640	1.5543	0.6475	0
645	1.2106	0.4938	0
650	0.9239	0.3705	0
655	0.7043	0.2799	0
660	0.5266	0.2081	0
665	0.3922	0.1542	0
670	0.2885	0.1126	0
675	0.2000	0.0781	0
680	0.1378	0.0536	0
685	0.0911	0.0353	0
690	0.0597	0.0231	0
695	0.0420	0.0164	0
700	0.0296	0.0114	0
705	0.0207	0.0082	0
710	0.0147	0.0058	0
715	0.0091	0.0035	0
720	0.0058	0.0021	0
725	0.0042	0.0017	0
730	0.0030	0.0012	0
735	0.0022	0.0009	0
740	0.0016	0.0006	0
745	0.0012	0.0003	0
750	0.0008	0.0003	0
755	0.0005	0.0002	0
760	0.0003	0	0
765	0.0002	0	0
770	0.0002	0	0
775	0	0	0
780	0	0	0

实验7

溶胶凝胶法制备纳米TiO_2及其对有机染料的光催化降解

一、实验目的

1. 掌握溶胶–凝胶法制备纳米TiO_2光催化剂。
2. 了解纳米TiO_2制备条件对光催化氧化活性的影响。
3. 掌握以纳米TiO_2为光催化剂催化降解有机染料的基本方法。

二、预习要求

1. 预习TiO_2的湿化学制备方法。
2. 预习光催化降解的实验方法。
3. 预习比表面积的测试方法。

三、实验原理

1.TiO_2为光催化剂催化降解的意义

光催化氧化在20世纪80年代后期开始应用于环境污染控制领域，由于该技术能有效地破坏许多结构稳定、生物难降解的污染物，与传统水处理技术中的物理方法相比，具有明显的节能、高效、污染物降解彻底等优点。染料废水是目前难降解工业废水之一，对环境的危害日益严重，已受到世界各国的普遍重视。

半导体光催化剂，如TiO_2在紫外光照射下，可把许多有机物降解为CO_2和H_2O，用于处理工业废水具有成本低、无二次污染等优点，是一种很有应用前景的废水处理方法。制备高活性的TiO_2光催化剂是处理废水实际应用中的重要课题。合成TiO_2的方法很多，不同方法、条件制备的TiO_2，光催化活性相差很大。我们用乙醇作溶剂，采用溶胶-凝胶法合成了具有高活性的纳米级TiO_2光催化剂，以甲基橙的光催化降解作为测试反应，考查了催化剂的活性，得到很有意义的结果。

TiO_2是一种n型半导体，带隙能(Eg)为3.2 eV，相当于波长为387.5 nm的光子能量。当TiO_2受到波长小于387.5nm的紫外光照射时，价带上的电子跃迁到导带上，从而产生光生电子(e^-)空穴(h^+)对：

$$TiO_2 \xrightarrow{hv} TiO_2(h^+, e^-)$$

光生电子e^-的热力学电位很低，而h^+的电位很高。在pH=7时，相对于标准氢电极，$E_{cb}(e^-)=-0.84$ V，$E_{vb}(h^+)=2.39$ V(cb表示导带，vb表示价带)。可见，e^-和h^+分别是很强的还原剂和氧化剂。如果在体系中反应物的电位与光生电子或空穴电位相匹配，且它们与光生电子或空穴反应速率大于电子和空穴的复合速率的话，那么它们即可与光生电子或空穴发生还原或氧化反应。当光生电子与空穴迁移到TiO_2表面时，与表面吸附的O_2、H_2O、OH^-等反应，产生·OH。

$$O_2 + e^- \Leftrightarrow O_2^{\cdot -}$$

$$h^+ + H_2O \Leftrightarrow \cdot OH + H^+$$

$$h^+ + OH^- \Leftrightarrow \cdot OH$$

通常认为直接参与有机物光催化氧化的不是空穴，而是·OH。·OH的来源与反应体系的pH有关。在低pH下，TiO_2表面吸附的主要是H_2O；在高pH下，TiO_2表面吸附OH^-而带负电荷，有利于h^+与OH^-反应。表面吸附的O_2捕获光生电子，可降低H^+和e^-的复合率。

2.溶胶-凝胶法基本原理

溶胶-凝胶法作为低温或温和条件下合成无机化合物或无机材料的重要方法，在软化学合成中占有重要地位。在制备玻璃、陶瓷、薄膜、纤维、复合材料等方面获得重要应用，更广泛用于制备纳米粒子。溶胶-凝胶法的化学过程首先是将原料分散在溶剂中，然后经过水解反应生成活性单体，活性单体进行聚合，开始成为溶胶，进而生成具有一定空间结构的凝胶，经过干燥和热处理制备出纳米粒子和所需材料。其最基本的反应是：

(1)水解反应：$M(OR)n + H_2O \rightarrow M(OH)x(OR)n\text{-}x + xROH$

(2)聚合反应：$-M-OH + HO-M- \rightarrow -M-O-M- + H_2O$

$$-M-OR + HO-M- \rightarrow -M-O-M- + ROH$$

对钛酸丁酯而言其水解缩聚为：

$$n\mathrm{Ti(OBu)_4}+n\mathrm{H_2O}\longrightarrow \mathrm{BuO}-\underset{\mathrm{OBu}}{\overset{\mathrm{OBu}}{\mathrm{Ti}}}-(\mathrm{O}-\underset{\mathrm{OBu}}{\overset{\mathrm{OBu}}{\mathrm{Ti}}})_{n-2}-\mathrm{O}-\underset{\mathrm{OBu}}{\overset{\mathrm{OBu}}{\mathrm{Ti}}}-\mathrm{OH}+(2n-1)\mathrm{Bu}-\mathrm{Ti}-\mathrm{OH}+\mathrm{Ti}-\mathrm{OH}$$

$$\longrightarrow -\underset{|}{\overset{|}{\mathrm{Ti}}}-\mathrm{O}-\underset{|}{\overset{|}{\mathrm{Ti}}}-+\mathrm{H_2O}-\underset{|}{\overset{|}{\mathrm{Ti}}}-\mathrm{OH}+\mathrm{BuO}-\underset{|}{\overset{|}{\mathrm{Ti}}}-\longrightarrow -\underset{|}{\overset{|}{\mathrm{Ti}}}-\mathrm{O}-\underset{|}{\overset{|}{\mathrm{Ti}}}-+\mathrm{BuOH}$$

即钛酸丁酯通过水解–缩聚两个过程，最终获得TiO_2溶胶。然后通过蒸发部分溶剂，可以获得果冻状或冰糖块状透明TiO_2凝胶。

3. 纳米粒子物相相对含量

在锐钛矿相和金红石相的混晶中金红石的量可以用下式表示：

$$x=\frac{1}{1+0.8\dfrac{I_A}{I_R}}$$

式中：x——锐钛矿相和金红石相的混晶中金红石相所占的分数；

I_A——锐钛矿相$2\theta=25.3^\circ$的X射线衍射峰的强度；

I_R——金红石相$2\theta=27.4^\circ$的X射线衍射峰的强度。

四、实验用品

器材：电子天平，紫外灯，X射线衍射仪，比表面仪，紫外可见分光光度计，分液漏斗，50 mL烧杯（2个），量筒（5 mL、10 mL、25 mL各1个），表面皿，磁力搅拌器，温度计，烘箱，马弗炉。

试剂：钛酸丁酯，无水乙醇，乙酸，浓盐酸，亚甲基蓝，过氧化氢，去离子水。

五、实验内容

1. 催化剂制备及表征

将12 mL无水乙醇与10 mL钛酸丁酯配制成A液，3 mL无水乙醇、1 mL乙酸、1 mL浓盐酸和3 mL蒸馏水充分混合配制B液。将A液置于50 mL烧杯中，搅拌，热到35 ℃，并保温；继续搅拌，缓慢滴入B液。B液滴加完后，加热至45 ℃保温，并保持搅拌。保温过程中，可以观察到溶液黏度逐渐变大，液面旋涡由大变小，逐渐消失，最终获得果冻状透明凝胶。如果长时间没有出现果冻状凝胶，则可适当升高保温温度。

将凝胶转入表面皿中，放入烘箱于105 ℃干燥2 h，凝胶变为黄色颗粒。颗粒研磨变为白色粉末，将粉末分成三份，分别在400 ℃、500 ℃、600 ℃煅烧2 h制得具有不同晶粒尺寸和组成的纳米TiO_2光催化剂。

X射线粉末衍射法用于测定样品的结晶度、晶相组成，并由谢乐公式计算晶粒尺寸。

N_2吸附法测定样品的比表面积，并估算样品的颗粒尺寸，与X射线粉末衍射法比较。测定样品的紫外可见光谱。

根据样品的测试结果完成表7-1。

表7-1 不同煅烧温度所得TiO_2的晶粒大小和比表面积

煅烧温度/℃	400	500	600
晶粒大小/nm			
比表面积/m^2·g			

2. 亚甲基蓝的浓度与紫外吸收强度的关系曲线的测定

配制亚甲基蓝浓度分别是0 mg/L、1 mg/L、3 mg/L、5 mg/L、7 mg/L、9 mg/L、10 mg/L的去离子水溶液，用紫外分光光度计测定其吸收强度。作吸收强度(Y)—亚甲基蓝浓度(X)工作曲线。

3. 光催化降解实验

用亚甲基蓝浓度为10 mg/L的去离子水溶液200 mL，加入0.2 g TiO_2(根据表7-1的结果选取)光催化剂和2 mL双氧水，超声分散成悬浊液。在磁力搅拌下用中压汞灯或紫外照射进行光降解，实验时间是3 h。每30 min后取出少量混合液，离心，取上层清液，用紫外分光光度计测定亚甲基蓝的浓度。绘出亚甲基蓝的浓度随时间降低的关系曲线，计算光降解率并完成表7-2。

表7-2 TiO_2对亚甲基蓝的光降解率

光照时间/h	0	0.5	1.0	1.5	2.0	2.5	3.0
光降解率/%							

通过对比实验，应选取光照时间________为宜。

六、实验思考

1. 在溶胶-凝胶制备纳米TiO_2的过程中，要得到稳定的溶胶以及合适的胶凝时间需要考虑哪些主要因素？

2. 在样品条件相同情况下，可以采取哪些措施来提高纳米TiO_2的光催化活性？

七、参考文献

[1] 王英峰,李雪,刘云义.溶胶-凝胶法制备二氧化钛溶胶[J].合成化学,2008,(6),705-708.

[2] 邱克辉,邹璇,张佩聪,王彦梅.纳米T_iO_2光催化降解亚甲基蓝[J].矿物岩石,2007,27(4),13-16.

八、延伸阅读

光催化

光催化是藤岛昭教授在1967年的一次试验中发现的,他对放入水中的氧化钛单晶进行紫外灯照射,结果发现水被分解成了氧和氢。通常意义上讲,触媒就是催化剂,光触媒顾名思义就是光催化剂。催化剂是加速化学反应的化学物质,其本身并不参与反应。光催化剂就是在光子的激发下能够起到催化作用的化学物质。

光催化剂的种类其实很多,包括二氧化钛(TiO_2)、氧化锌(ZnO)、氧化锡(SnO_2)、二氧化锆(ZrO_2)、硫化镉(CdS)等多种氧化物、硫化物半导体,另外还有部分银盐、卟啉等也有催化效应。但他们基本都有一个缺点——存在损耗,即反应前和反应后其本身会出现消耗,而且它们大部分对人体都有一定的毒性。所以,目前所知的最有应用价值的光催化材料就是TiO_2。

如何解释光催化这个反应呢？其实,从宏观看,可以把它理解成光合作用的逆反应(如图7-1)。

图7-1　光合作用与光催化的关系

众所周知,最初的地球环境不适合生物生存,后来光合细菌和植物开始利用光合作用以叶绿素作为催化剂,将无机物转化为有机物,它们花了近30亿年才结束了地球的恶劣环境,创造了地球生物发展的温床。而光催化反应则将这个反应反过来了,即催化剂在光的作用下,将有机物转化成了无机物,这对补充自然界的物质循环过程具有巨大的意义。

实验 8

原位复合法荧光珠粒的制备及性能

一、实验目的

1. 学习掌握八羟基喹啉铝制备方法及发光性质。
2. 熟练掌握紫外、荧光光谱仪的使用及光谱测定。
3. 理解原位复合的原理及意义。

二、预习要求

1. 预习了解发光材料的发光机理以及结构与性能关系。
2. 预习了解固体紫外光谱、荧光光谱测试方法。
3. 学习聚合物的悬浮聚合法原理。
4. 预习八羟基喹啉铝及苯乙烯制备方法。

三、实验原理

原位复合是一种较为新颖的方法,它既可实现无机纳米粒子在高聚物中的均匀分散,同时又保持了无机纳米粒子的特性。原位悬浮聚合是指在聚合阶段将无机纳米粒子引入有机物的基体中,在液相状态和较均匀的介质中原位参与聚合物的生成,可大幅度避免无机纳米粒子在加工过程中的团聚。

八羟基喹啉铝(AlQ_3)是有机金属配合物中一类极为重要的有机电致发光材料,这类材料的固体荧光效率比较高、成膜性好、易于提纯、熔点较高、性质比较稳定。多数配合物其配位结构一般是稳定的五元环或六元环,其荧光来自受金属离子微扰的配体发光或受配体微扰的金属离子发光。1987年，美国柯达公司邓青云博士等报道，以AlQ_3为发光层，研制出了驱动电压小于10 V、发光亮度达1000 cd/m²（电视、照明用日光灯，计算机液晶屏等的最高亮度分别为200 cd/m²、300 cd/m²、400 cd/m²）的有机电致发光（OLED）器件。这一突破性进展表明，OLED是一种有着广阔应用前景的新型技术，其中蕴涵科学性和实用性。

本实验希望利用原位复合的原理，结合悬浮聚合方法，实现AlQ_3在高聚物聚苯乙烯（PS）中的均匀分散，同时又保持了AlQ_3粒子的发光特性，进而把发光金属配合物AlQ_3引入有机物基体中，在液相状态形成AlQ_3均匀分散的PS-AlQ_3荧光微球，最终形成高性能的荧光复合材料。

四、实验用品

器材：称量纸，电子天平，烘箱，抽滤装置1套（砂心漏斗1个，过滤套1套，抽滤瓶1个），温度计（0～200 ℃），烧杯（250 mL、50 mL 各2个），玻璃棒（1根），960荧光分光光度计，紫外分光光度计，三口烧瓶，回流冷凝管，搅拌器，烧杯，温度计，恒温水浴。

试剂：8-羟基喹啉，乙醇-水（体积比为1:1），三氯化铝，氨水（5 mol/L），95%乙醇，HCl（3 mol/L，6 mol/L），氯仿，pH试纸，苯乙烯 40 g，二乙烯苯 5.8 g，过氧化二苯甲酰（BPO）0.8 g，完全皂化的聚乙烯醇[聚合度1700，醋酸基1%（摩尔分数）0.8 g]，部分皂化的聚乙烯醇[聚合度1700，醋酸基10%（摩尔分数）0.03 g]，蒸馏水。

五、实验内容

1. 8-羟基喹啉铝的制备

8-羟基喹啉铝的合成原理：采取水-乙醇体系中的化学沉淀法制备AlQ_3，Al^{3+}与HQ的阴离子结合及与N原子配位，通过调节溶液的pH使AlQ_3在最佳沉淀环境下析出。

反应化学式为：

$$C_9H_7NO + Al^{3+} + OH^- \rightarrow C_{27}H_{18}AlN_3O_3\downarrow + H_2O$$

称取8-羟基喹啉0.6 g放于烧杯中，用80 mL 1:1乙醇-水混合溶剂溶解，另取0.36 g $AlCl_3\cdot 6H_2O$用1:1体积比的乙醇-水20 mL溶解。然后把二者混合，在电磁搅拌的同时水浴加热至60 ℃，将5 mol/L氨水缓慢滴入该混合液中，逐渐看到有絮状沉淀析出，至大量浅黄绿色粉状沉淀生成，滴加氨水调节pH过程中，要保证pH不要超过10，继续反应约40 min。静置冷却、抽滤、洗涤，真空干燥即可，即得到亮黄绿色的AlQ_3。

2. PS/AlQ_3微球的原位制备

结合聚苯乙烯的悬浮聚合法，利用苯乙烯和少量二乙烯苯共聚而制得。化学反应式如下：

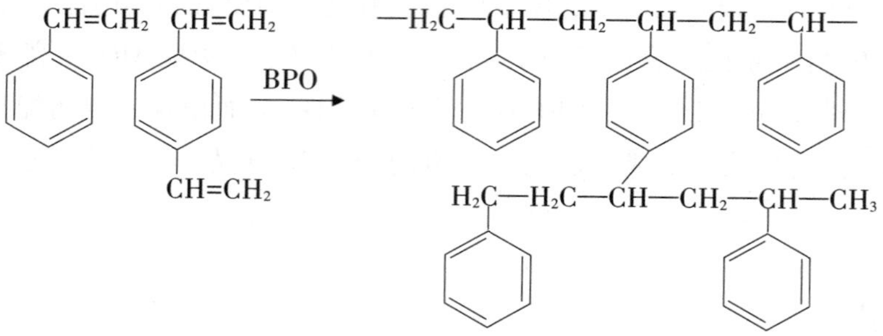

$CH{=}CH_2$　$CH{=}CH_2$　$CH{=}CH_2$

BPO

$-H_2C-CH-CH_2-CH-CH_2-CH-$

$H_2C-H_2C-CH-CH_2-CH-CH_3$

称取皂化的聚乙烯醇(完全皂化或部分皂化)0.83 g，放入250 mL三口瓶内，加入蒸馏水105 mL。将三口瓶放入90 ℃左右的水浴中，慢慢搅拌至完全溶解。冷却至50 ℃待用。

量取40 g苯乙烯、9 g二乙烯苯及0.8 g BPO以及适量$x\%$的AlQ_3(分别占0.5%、1%、1.5%、2%、2.5%、3%等)加入三口烧瓶中，开始搅拌。慢慢升高水浴温度，当水浴温度在70 ℃以下时，烧瓶内的液体为绿黄色的油状液体；当温度超过70 ℃后，油状浊液渐渐变为黄色均匀溶液；达到80 ℃时，烧瓶中有许多黄色的颗粒生成，并且能听到颗粒撞击烧瓶的沙沙声；当瓶内温达到90 ℃时，保持温度并继续反应，当产物达到一定的硬度时停止反应。反应时间为4～5 h。停止搅拌，倒出上层液，接着用热、冷水依次洗涤几次，过滤干燥得产品，观察产品外观。

利用紫外及荧光光度计分析该颗粒的光学性能，利用XRD、SEM等粗略地分析AlQ_3在珠粒中的分布状态。通过合成结果对比分析含不同组分AlQ_3的产物质量，探讨AlQ_3掺杂量对微球形成的影响。

六、实验思考

1. 实验中掺杂比例$x\%$对荧光珠粒形态有什么影响？
2. 实验中掺杂比例$x\%$对荧光珠粒外观颜色有什么影响？
3. 实验中掺杂比例$x\%$对荧光珠粒荧光性能有什么影响？
4. 分析原位复合法对复合材料结构与性能的影响。

七、参考文献

Tang C W, Vanslyke S A. Organic electroluminescent diodes[J]. *Appl Phys Lett*, 1987, 51, 913-915.

八、延伸阅读

实用OLED的发现

OLED是Organic Light-Emitting Diode的缩写,OLED技术研发始于20世纪50年代的法国南茜大学,法国物理化学家安德烈·贝纳诺斯被誉为"OLED之父";最早的实用性OLED于1987被柯达公司的邓青云和史蒂夫·范·斯莱克两人发现。

邓青云博士出生于中国香港,于英属哥伦比亚大学获得化学学士学位,于1975年在康奈尔大学获得物理化学博士学位,同年加入柯达公司Rochester实验室从事有机发光二极管的研究工作。史蒂夫·范·斯莱克博士毕业于罗彻斯特理工学院,于1979年加入柯达公司。

1979年的一天晚上,邓青云在回家的路上忽然想起有东西忘记在实验室,回到实验室后,他发现在黑暗中的一块做实验用的有机蓄电池在闪闪发光,从此他开始了对有机发光二极管的研究。1987年,邓青云和史蒂夫·范·斯莱克成功地使用类似半导体PN结的双层有机结构第一次做出了低电压、高效率的光发射器,为柯达公司生产有机发光二极管显示器奠定了基础。中文名为"有机发光二极管"。

1990年,英国剑桥大学也成功研制出高分子有机发光器件并成立了显示技术公司CDT(Cambridge Display Technology)。2013年,柏林国际电子消费品展上出现了使用AMOLED技术的曲面OLED电视机,引起了与会者的广泛关注。

实验9

Ag/ZnO复合材料的制备及光催化性能测定

一、实验目的

1. 掌握水热法制备 ZnO 。
2. 掌握分光光度计的使用及分析。
3. 掌握粉末 X射线衍射仪的使用及原理。

二、预习要求

1. 复习能带理论和光催化等相关知识。
2. 了解粉末X射线衍射仪的工作原理。
3. 了解如何提高氧化锌的催化性能。

三、实验原理

近年来，依赖于煤、石油等化石燃料的大量使用，人类社会的生产得到前所未有的发展，在人们的物质文化生活得到极大丰富的同时，能源危机和环境污染成为当今科技领域的两大亟待解决的问题，特别是各种各样的环境污染越来越严重，在这些污染中水污染受到了人们的高度重视。寻找廉价、清洁、可持续的能源替代现有的化石燃料是解决这两大难题的理想方案。在众多的候选能源中，太阳能因为其分布广泛、取之不尽和用之不竭的特点，已被认为是最理想的能量来源。如何最大限度地转化和利用太阳能不仅仅是能源领域的研究热点，同时也是解决环境问题的关键所在。目前，最常用的污水处理方法是物化法和生物法，这些水处理方法虽然具有工艺简洁、易于工业化等优点，但并不能将有机污染物全部消除，存在二次污染等问题。光催化技术是从20世纪70年代发展起来的一种新型的环保技术。半导体光催化是近年发展起来的一个新型研究领域,它是一种化学催化降解技术,而且运行成本低,是一种高效节能技术,具有很好的应用前景,为彻底地解决水污染问题提供了新的路径。

半导体光催化是指光照射到半导体纳米粒子上时,会把光能转化成化学能,这会进一步增强有机物的降解。以氧化锌为例说明其光催化机理,当光照射的光子能量大于氧化锌的禁带宽度,电子激发到导带,同时形成相应的空穴,氧化锌内部产生了电子(e^-)-空穴(h^+)对。h^+的强氧化性将氧化锌表面的羟基与水分子氧化成自由基·OH。自由基·OH作为强氧化剂扩散到污染物周围,将有机物或者其他污染物氧化成水和二氧化碳或者其他无害物质,从而完成光催化降解反应,电子-空穴对在光催化剂纳米氧化锌内部或表面光催化氧化反应机理如图9-1所示。

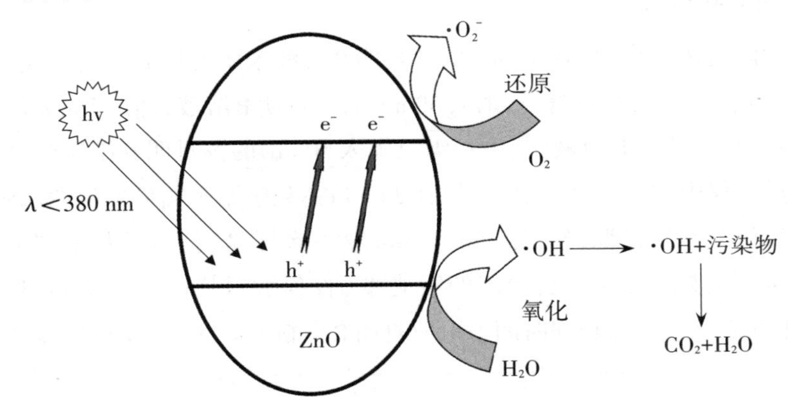

图9-1 ZnO光催化基本原理图

当前,在我们所研究的半导体纳米材料光催化剂中,大部分的半导体都属于禁带宽度较宽的n型半导体,例如ZnO、TiO_2、V_2O_5、ZnS等。氧化锌由于储量丰富、价格低廉、绿色高效等优点受到研究者的关注,但是氧化锌电子和空穴的高复合率影响了其光催化性能,如何降低电子和空穴的复合率和高效地利用光能成为一个挑战,研究发现改变氧化锌的形貌和对其进行掺杂对光催化有很大的影响。本实验采用乙酸锌作为锌源,柠檬酸作为络合剂来控制形貌,硝酸银作为掺杂银的来源,利用水热法合成形貌规则、结晶度高、纯净的样品。

四、实验用品

器材:电子天平,烧杯,磁力搅拌加热器,反应釜,烘箱,玻璃棒,容量瓶,pH计,离心机,分光光度计,光化学反应仪,多晶粉末X射线衍射仪等。

试剂:乙酸锌,硝酸银,无水乙醇,葡萄糖,柠檬酸,氢氧化钠,去离子水。

五、实验内容

1. 胶体碳纳米球的制备

首先称取2 g葡萄糖于烧杯中，然后加入40 mL去离子水，搅拌至葡萄糖完全溶解，转移到50 mL反应釜中，放入160 ℃的烘箱中反应6 h，最后随炉冷却到室温。

2.Ag/ZnO复合材料的制备

碳纳米球胶体超声30 min，称取2.195 0 g的乙酸锌和1.345 0 g柠檬酸加入上述制备的碳纳米球胶体中，再加入0.042 5 g的硝酸银，用10 mol/L的NaOH调节pH到13，搅拌5 min，放入100 ℃烘箱中10 h。最后离心用去离子水和乙醇洗涤，放在70 ℃烘箱中干燥。

3. 光催化性能测试

通过光催化降解浓度为1×10^{-5} mol/L 的罗丹明B溶液来研究样品的光催化性能。步骤：首先称取30 mg的样品加入石英管中，加入30 mL的罗丹明B溶液，超声5 min使样品充分分散，再加入20 mL的罗丹明 B溶液(其中一组只加入50 mL的罗丹明B作为对照)，将制备好的溶液放在光反应仪中，在黑暗的条件下搅拌25 min达到吸附平衡后取出两滴管的溶液，打开300 W的汞灯作为照射光源，然后每隔10 min取一次样品，把取的样品进行离心，用分光光度计554 nm 的波长检测上层清液的吸光度，直到测量样品的吸光度变化不大为止(如图9-2)。根据实验计算在相同时间下对罗丹明B染料的降解率并填写在表9-1。

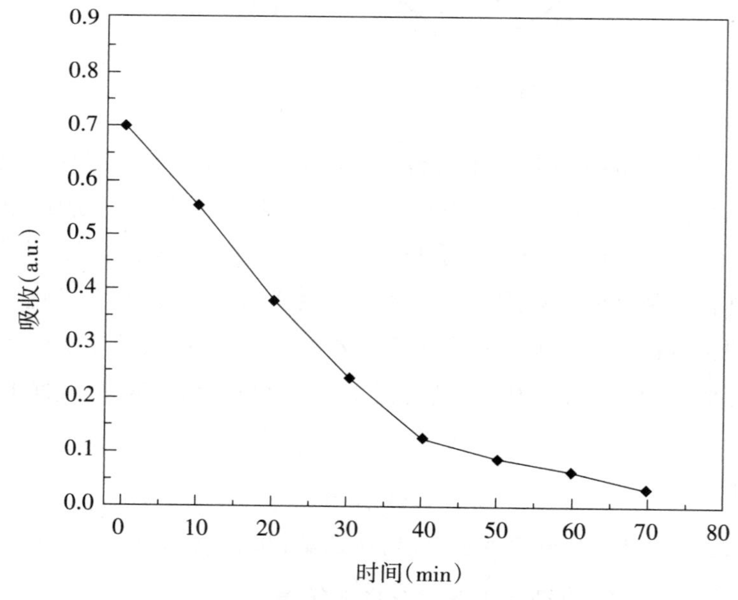

图9-2　Ag/ZnO复合材料的紫外光催化降解图

表9-1 掺杂不同比例Ag的氧化锌对染料的降解率

掺杂比例/x%	1.0%	2.5%	5.0%	8.0%
降解率				

分析上表结果,掺Ag量为________时对染料的降解率最好。

4.紫外-可见光谱图分析

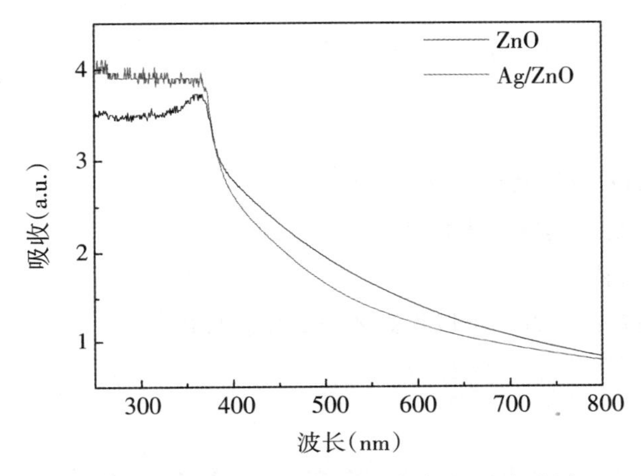

图9-3 Ag/ZnO复合材料的紫外-可见光谱图

通过测试样品的紫外-可见光谱,如图9-3所示,比较发现,当掺Ag量为________时对光能的利用率最高,在波长________范围催化效果最好。

5.X射线衍射分析

依据之前所学的X射线物相分析方法,将产物进行粉末X射线衍射结构测试分析,得到样品的XRD谱图(图9-4)。结果显示所合成的样品并没有杂质生成,并且结晶度良好。根据谢乐公式计算样品的晶粒大小,填写表9-2。

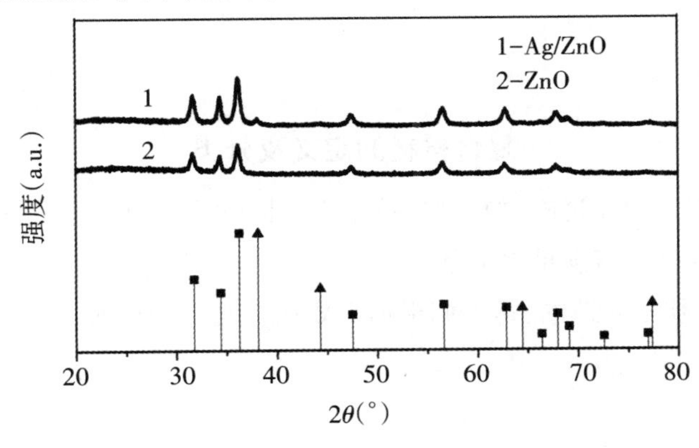

图9-4 ZnO和掺Ag量为2.5%的Ag/ZnO的XRD图

表9-2 不同掺Ag量的Ag/ZnO晶粒尺寸

掺Ag量/(物质的量分数%)	1.0%	2.5%	5.0%	8.0%
晶粒大小/nm				

对比所有的XRD图谱,随着掺Ag量的增加,样品的结晶度__________,Ag特征峰的峰强__________。

六、实验思考

1. Ag是怎么增强ZnO的光催化性能的?
2. 掺银比例是否越高越好?为什么?
3. 什么是纳米材料?
4. 除掺Ag外,还有什么方式可以提高ZnO的催化性能?

七、参考文献

[1] Linsebigler A L, Lu G Q, Yates J T. Photocatalysis on TiO_2 surface principle: mechanisms, and selected results[J]. *Chem Rev*, 1995, 95, 735-758 .

[2] 赵印中,李林,许旻,等. ZnO薄膜的结构、性能及其应用[J]. 真空与低温, 2009, (1), 48-51

[3] Deng Q, Duan X, Ng D H L Ag nanoparticle decorated nanoporous ZnO microrods and their enhanced photocatalytic activities[J]. *ACS Applied Materials & Interfaces*. 2012, 4(11), 6030-6037.

[4] Georgekutty R, Seery M K, Pillai S C. A highly efficient Ag-ZnO photocatalyst: synthesis, properties, and mechanism[J]. *Journal of Physical Chemistry*. 2008, 112(35), 13563-13570.

八、延伸阅读

复合材料的定义及分类

复合材料是人们运用先进的材料制备技术将不同性质的材料组分优化组合而成的新材料。一般定义的复合材料需满足以下条件:

(1) 复合材料必须是人造的,是人们根据需要设计制造的材料;

(2) 复合材料必须由两种或两种以上化学、物理性质不同的材料组分，以所设计的形式、比例、分布组合而成，各组分之间有明显的界面存在；

(3)具有结构可设计性，可进行复合结构设计；

(4) 复合材料不仅保持各组分材料性能的优点，而且通过各组分性能的互补和关联可以获得单一组成材料所不能达到的综合性能。

复合材料的基体材料分为金属和非金属两大类。金属基体常用的有铝、镁、铜、钛及其合金。非金属基体主要有合成树脂、橡胶、陶瓷、石墨、碳等。增强材料主要有玻璃纤维、碳纤维、硼纤维、芳纶纤维、碳化硅纤维、石棉纤维、晶须、金属。

实验 10

MOF-5的溶剂热法制备及其性质测定

一、实验目的

1. 学习掌握溶剂热法制备MOF-5。
2. 学习掌握X射线单晶衍射仪的使用。
3. 学习掌握气体吸附仪的使用方法。
4. 了解单晶结构的解析及画图软件。

二、预习要求

1. 复习理论教材中配合物相关内容。
2. 预习X射线单晶衍射仪的使用方法。
3. 学习MOF-5各种制备方法，以及MOF-5与其他羧酸系列的MOFs结构进行比较。

三、实验原理

金属有机框架（Metal-organic framework，MOF）材料是由金属离子或者金属离子簇与有机配体的氧或氮原子通过配位作用自组装而形成的具有周期性结构的二维或三维网状的多孔聚合物。组成MOF材料的金属离子和有机配体具有多样性，已被研究和报道的MOF材料超过20 000个，并根据报道的先后时间用阿拉伯数字来编号命名（如MOF-1、MOF-2、MOF-3、MOF-4、MOF-5等）。近几十年来，金属有机框架材料（MOFs）在制备、表征和研究等方面也呈现爆炸性增长。MOF材料具有高的比表面积、可调控的结构和孔尺寸、高的热稳定性以及化学稳定性等优良特性。例如，其比表面积通常大于1 000 m^2/g，甚至有些MOF材料的比表面积超过了10 000 m^2/g，这远远超过了传统的多孔材料如沸石和多孔碳等。这些突出的优点使得MOF在分离、催化、气体吸附与分离、药物缓释、传感等方面有着良好的应用前景。

四、实验用品

器材：电子天平，压力反应瓶，X射线单晶衍射仪，X射线粉末衍射仪，扫描电子显微镜（SEM），氮气吸附脱附仪（BET），傅里叶红外光谱仪（FT-IR），热重分析仪（TGA）。

试剂：N，N-二甲基甲酰胺（DMF），对苯二甲酸（H_2BDC），六水合硝酸锌，三乙胺（TEA），氯仿。

五、实验内容

MOF-5的制备方法如图10-1所示。

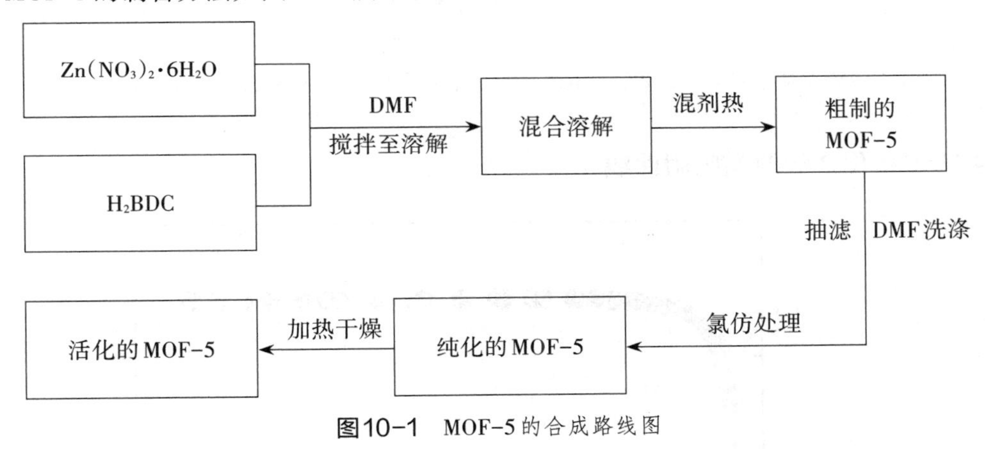

图10-1　MOF-5的合成路线图

1.MOF-5的制备

分别称取1.200 g六水合硝酸锌和0.334 g对苯二甲酸加入100 mL的聚四氟乙烯为内衬的不锈钢水热反应釜中，然后加入40 mL DMF，将内胆超声15 min，逐滴加入2.2 mL三乙胺。盖好反应釜盖子并拧紧，将反应釜置于电热鼓风干燥箱中加热至140 ℃，恒温反应24 h，然后关掉电热鼓风干燥箱的电源并使其自然冷却至室温，打开反应釜得到无色立方晶体。

2.MOF-5的后处理

将样品从反应釜中取出，挑选适合X射线单晶衍射的晶体进行测试，剩余样品抽滤分离，并用2×8 mL新鲜DMF洗涤固体，然后将固体收集到一个20 mL带盖的玻璃瓶中，加入

15 mL氯仿交换48 h，期间更换氯仿3～4次，然后抽滤收集固体，于50 ℃真空烘箱烘8 h得到活化的MOF-5。

3.MOF-5的结构

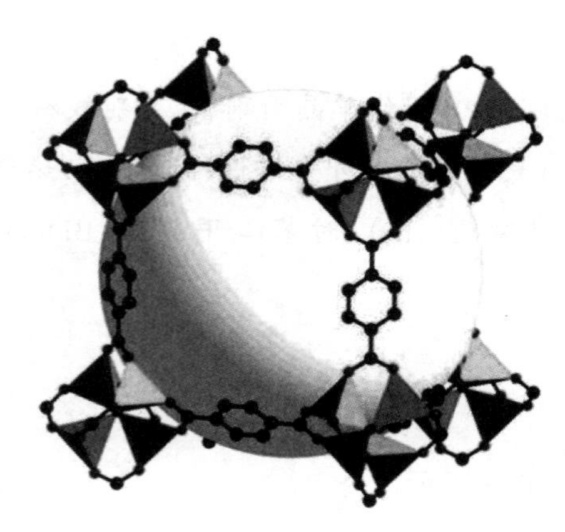

图10-2 MOF-5的结构

（为了便于观察，只画出了MOF-5的一个笼子结构，另外氢原子未画出）

4.MOF-5化合物的N_2吸附曲线

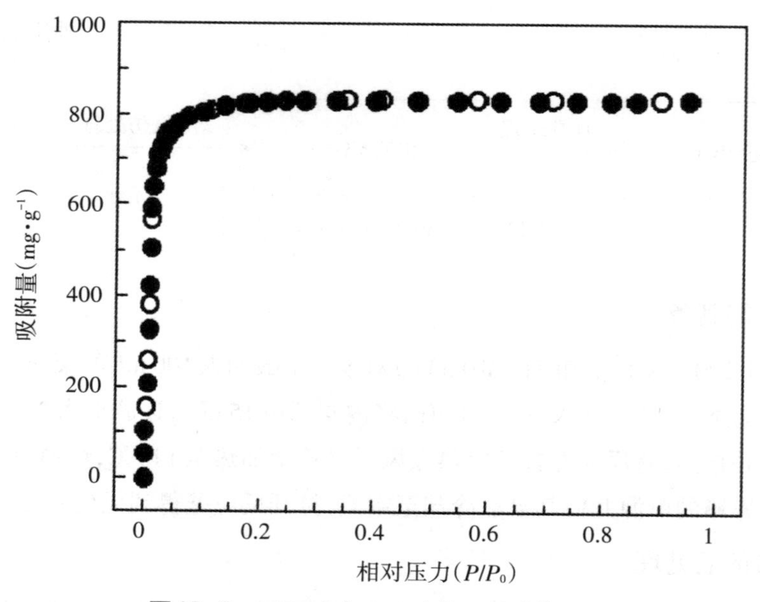

图10-3 MOF-5在78 K时的N_2吸附等温线

填充圆代表吸附，未填充圆代表脱附。P/P_0是气体压力（P）与饱和压力（P_0）的比值，P_0= 746 mmHg

5.MOF-5的X射线粉末衍射图

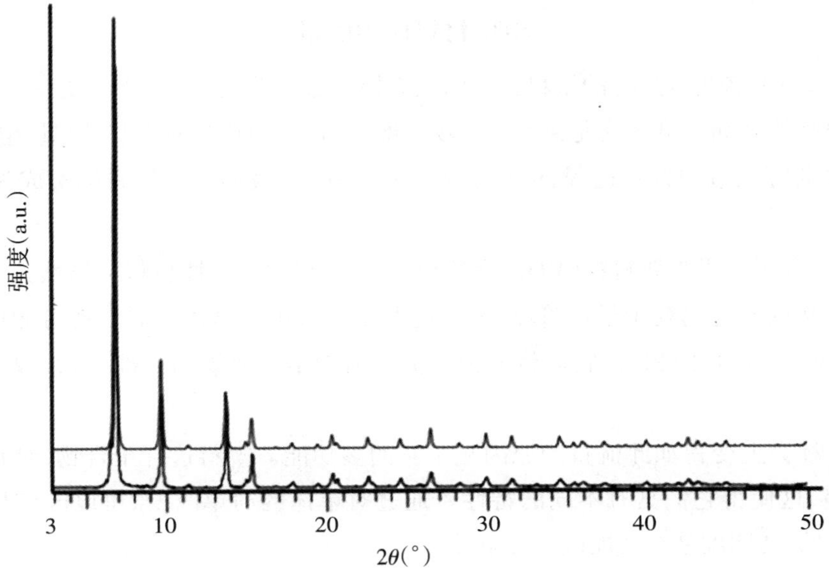

强度(a.u.)

3　10　20　30　40　50

2θ(°)

图10-4　MOF-5的理论(上)和实验(下)X射线粉末衍射图

六、实验思考

1.本实验中采用DMF溶剂来合成MOF-5,那么是否还可以采用其他溶剂进行合成?

2.合成MOF-5时为何要加入TEA?

3.实验中的MOF-5为何要进行后处理?

4.实验结束后水热反应釜如何清洗与保养?

5.MOF-5材料的吸附性能与什么有关?

七、参考文献

[1]Li H L, Eddaoudi M, O'Keeffe M, Yaghi O M. Design and synthesis of an exceptionally stable and highly porous metal-organic framework[J]. *Nature*, 1999, 402, 276-279.

[2]Rowsell J L C, Yaghi O M. Effects of functionalization, catenation, and variation of the metal oxide and organic linking units on the low-pressure hydrogen adsorption properties of metal-organic frameworks[J]. *J Am Chem Soc*, 2006, 128, 1304-1315.

八、延伸阅读

MOF材料应用前景

1939年，一种名叫“尼龙”的塑料在纽约世界博览会上首次亮相之后的近一年时间里，就成为家喻户晓的名词。虽然尼龙在丝袜市场风靡一时，但塑料在向服装、厨具、电子产品、建筑材料和医药等领域的普及过程，进行了数十年。如今，我们知道塑料确实成为定义20世纪的材料。

在未来，金属有机骨架材料（MOF）有望成为21世纪的决定性材料。虽然关于这组三维纳米晶体结构的研究仍处于早期阶段，但其商业化项目正在迅速开展。您可能从未听说过MOF，但是50年后，我们相信，它们将成为人类生活中不可或缺的一部分，就像今天的塑料一样。

塑料在社会上变得如此流行的原因在于它的多功能。塑料这种聚合物，是长而重复的单体连成串，这使得它们具有不同的特性。通过对单体的简单改变，可以改变聚合物的尺寸、硬度、弹性、透明度甚至还能改变导电性。

像聚合物一样，MOF是一种多功能应用材料，它们由小结构的重复单元组成。在这种情况下，这种结构是有机分子连接的纳米级别的金属簇。不像是仅在一个方向上生长的聚合物，MOF材料在所有方向上都能形成晶体。它们具有非常刚性、均匀和精确的原子排列。

这种独特的均匀性使科学家能够以前所未有的精确度去设计和处理MOF。通过准确了解每个原子在MOF中的位置，计算工具可以在实验室进行合成之前，就快速建立模型来模拟不同的可能结构。尽管MOF目前的应用都较为小众，比如用于稳定智能手机中硅芯片等电子产品制造过程中的有毒气体，但我们认为它们正处于分界点上，就像80年前的塑料一样。

实验11

ZIF-8的溶剂热法制备及其性质测定

一、实验目的

1. 学习掌握溶剂热法制备ZIF-8。
2. 学习掌握X射线单晶衍射仪的使用。
3. 学习掌握气体吸附仪的使用方法。
4. 了解单晶结构的解析及画图软件。

二、预习要求

1. 复习理论教材中配合物相关内容。
2. 预习了解X射线单晶衍射仪、X射线粉末衍射仪。
3. 学习ZIF-8各种制备方法并与其他ZIFs材料的结构进行比较，找出其不同之处。

三、实验原理

MOFs近年来逐渐成为研究的热点，但是其稳定性差限制了其应用范围。研究者们进一步深入研究发现，MOFs材料中的沸石-咪唑骨架材料（ZIFs）不但具有沸石的拓扑型结构，而且水热稳定性好，即使长时间在水和有机溶剂中加热至沸腾也不会发生坍塌。因此，ZIFs材料自2006年问世起就引起了研究者们的广泛关注。

传统的分子筛是由具有铝氧四面体或者硅氧四面体的基本结构单元之间通过氧桥键相连后而形成的一种具有立体结构的多孔材料，其结构所具有的Si—O—Al及Si—O—Si两种类型的键角均为145°。然而，具有沸石拓扑型结构的ZIFs材料则是由咪唑基配体或它的衍生物配体通过络合作用,并进一步与过渡金属离子(Zn、Co等)组装而成的一种超分子的具有多孔晶体的配位聚合物。ZIFs材料的结构设计源自MOFs材料,这使得ZIFs材料的结构与沸石分子筛以及MOFs材料的结构都十分相似。经过进一步的研究发现,ZIFs材料是由过渡态金属离子Zn^{2+}或Co^{2+}(M)等与咪唑基配体或咪唑衍生物(IM)配体通过M—IM—M相连,从而形成的一种具有空间网状结构的拓扑型结构。ZIFs材料中的M—IM—M之间的键角一般在140°,同传统的分子筛中的键角十分接近。它们的键角如图11-1所示。

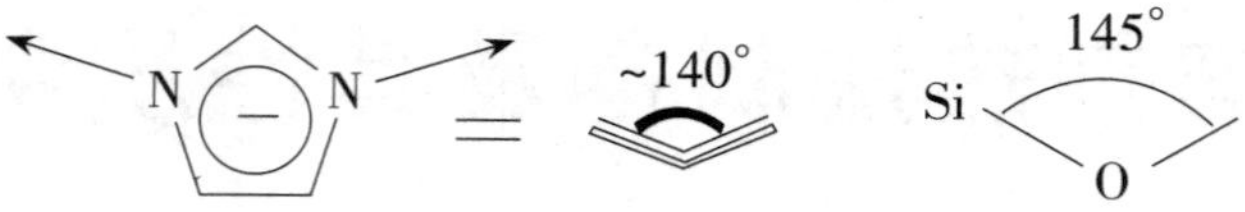

N N = ~140° Si 145° O

图11-1 ZIFs材料与沸石的初级结构单元之间的比较

ZIF-8材料是由锌盐在溶剂N,N-二甲基甲酸胺(DMF)的溶液中与2-甲基咪唑配体合成的一种具有沸石SOD型拓扑结构的新型材料。中山大学的陈小明院士课题组最先研究合成出了ZIF-8并将其命名为MAF-4,此后,Omar M Yaghi课题组通过一系列的实验研究并论证了这种材料所具有的高的化学稳定性及其热稳定性,并将这种材料重新命名为ZIF-8。从ZIF-8的XRD表征推断可知,其孔径和笼径分别为3.4 nm和11.6 nm;BET比表面积为1 730 m^2/g,其孔体积为0.63 m^3/g。作为ZIFs材料中最具有代表性的材料,研究者们相继对ZIF-8进行深入的研究。

四、实验用品

器材: 量筒,电热鼓风干燥箱,电子天平,布氏漏斗,滤瓶,真空循环水泵,内衬聚四氟乙烯的不锈钢反应釜,X射线单晶衍射仪,X射线粉末衍射仪,扫描电子显微镜(SEM),氮气吸附脱附仪(BET),傅里叶红外光谱仪(FT-IR),热重分析仪(TGA)。

试剂: N,N-二甲基甲酰胺(DMF),2-甲基咪唑,六水合硝酸锌,无水甲醇。

五、实验内容

1.ZIF-8的制备

分别称取791.0 mg2-甲基咪唑和955.8 mg六水合硝酸锌加入100 mL的聚四氟乙烯为内衬的不锈钢水热反应釜中,然后用50 mL的量筒加入72 mLDMF于反应釜中,盖好反应釜盖子并拧紧,将反应釜置于电热鼓风干燥箱中加热至140 ℃,恒温反应24 h,然后关掉电热鼓风干燥箱的电源并使其自然冷却至室温,打开反应釜得到淡黄色的晶体。

2.ZIF-8的后处理

将样品从反应釜中取出，挑选适合X射线单晶衍射的晶体进行测试，剩余样品抽滤分离，并用无水甲醇冲洗3次后，放入烘箱中在120 ℃的条件下处理2 h以脱除孔道中的有机溶剂等杂质。

3. ZIF-8的结构

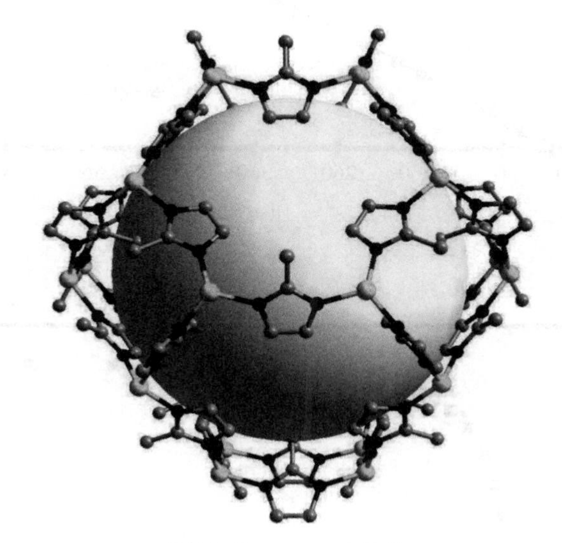

图11-2　ZIF-8的结构

（为了便于观察，只画出了ZIF-8的一个笼子结构，另外氢原子未画出）

4.ZIF-8的气体吸附性质

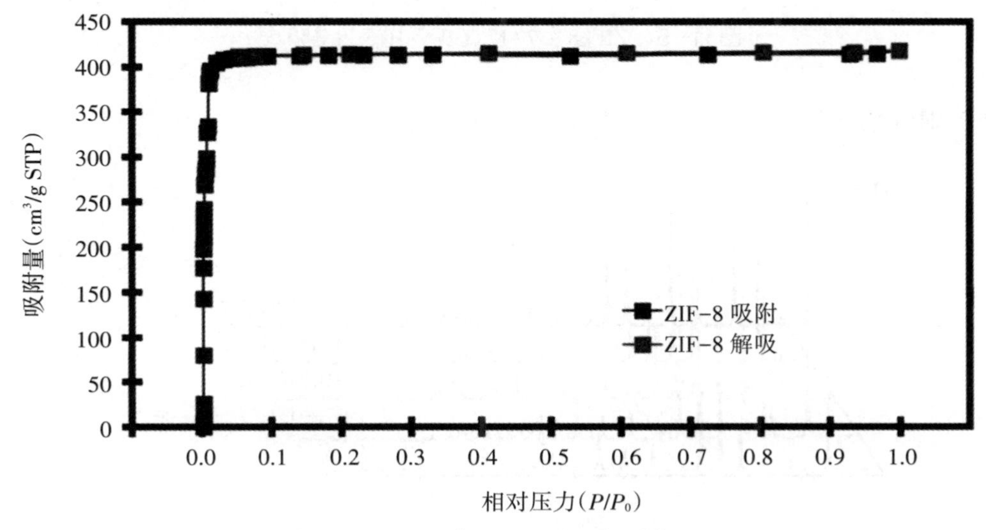

图11-3　ZIF-8在77 K下的N_2吸附等温线

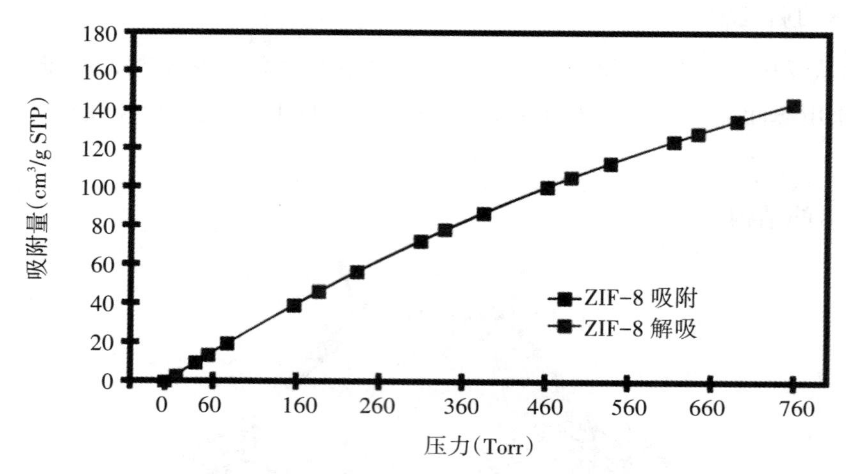

图11-4 ZIF-8在77 K下的H_2吸附等温线

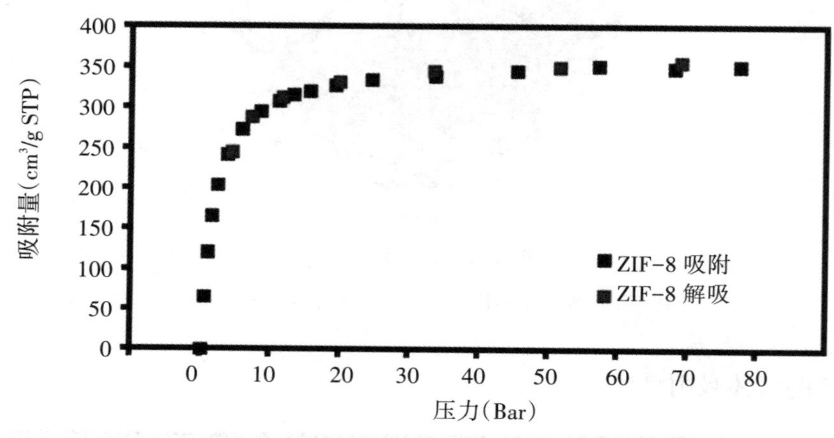

图11-5 ZIF-8在77 K、高压下H_2吸附等温线

5.X射线粉末衍射

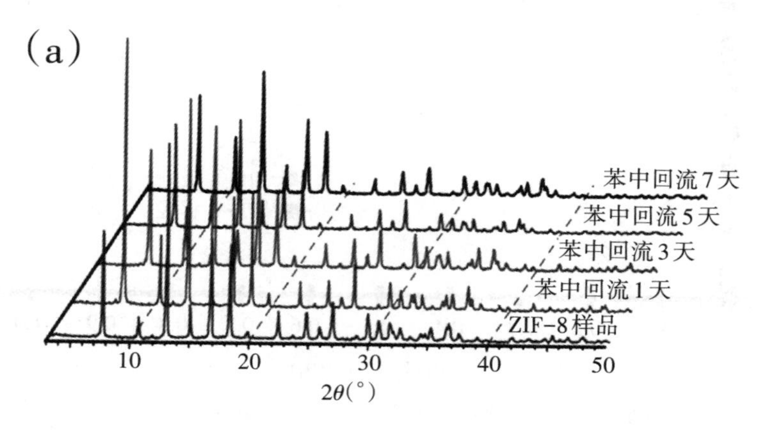

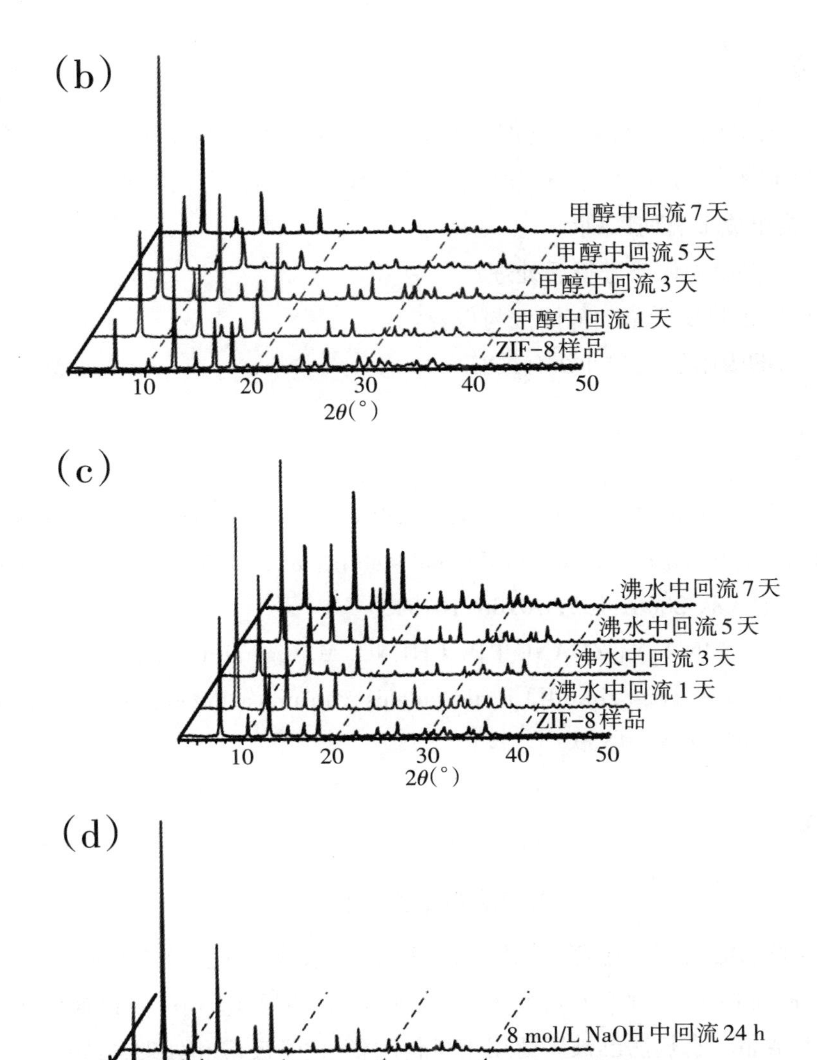

图11-6 ZIF-8样品在化学稳定性试验中的X射线粉末衍射图

(a)80 ℃在苯中回流7天;(b)65 ℃在甲醇中回流7天;(c)在100 ℃水中回流7天;(d)在不同浓度的NaOH水溶液中回流24 h

六、实验思考

1.本实验中采用DMF溶剂来合成ZIF-8,那么是否还可以采用其他溶剂进行合成?

2.由含氮咪唑配体与过渡金属锌盐所合成的ZIF-8的结构与由对苯二甲酸配体所合成的MOF-5在结构组成上有何区别?

3.实验中的ZIF-8为何要进行后处理?

4.实验结束后水热反应釜如何清洗与保养?

5.ZIF-8材料的吸附性能与什么有关?

七、参考文献

[1]Park K S, Ni Z, Cote A P, Choi J Y, Huang R D, Uribe-Romo F J, Chae H K, O'Keeffe M, Yaghi O M. Exceptional chemical and thermal stability of zeolitic imidazolate frameworks[J]. *Proc Natl Acad Sci U S A*, 2006, 103, 10186-10191.

[2]HUANG X C, LIN Y Y, ZHANG J P, CHEN X M. Ligand-directed strategy for zeolite-type metal-organic frameworks: zinc(II) iomidazolates with unusual zeolitic topologies[J]. *Angew Chem Int Ed*, 2006, 45, 1557-1559.

八、延伸阅读

水热法与溶剂热法

水热法是在特制的密闭反应容器(高压釜)里,采用水溶液作为反应介质,通过加热反应容器,创造一个高温(100 ~ 1000 ℃)、高压(1 ~ 100 MPa)的反应环境,使得通常难溶或不溶的物质溶解并重结晶。水热法已被广泛用于材料制备、化学反应和处理,并成为十分活跃的研究领域。

溶剂热法是在水热法的基础上发展起来的。它是指在密闭体系如高压釜内,以有机物或非水溶媒为溶剂,在一定的温度和溶液的自身压力下,原始混合物进行反应的一种合成方法。它与水热反应的不同之处在于所使用的溶剂为有机物而不是水。水热法往往只适用于氧化物功能材料或少数一些对水不敏感的硫属化合物的制备与处理,而不适用一些对水敏感的化合物(如Ⅲ-V族半导体、碳化物、氟化物)材料的制备与处理,这也就促进了溶剂热法的产生和发展。

实验 12

4-氨基邻苯二甲酰亚胺的合成及表征

一、实验目的

1. 学习掌握苯环的硝化反应。
2. 学习掌握苯环上硝基的还原反应。
3. 学习掌握用红外光谱表征有机化合物的方法。

二、预习要求

1. 复习理论教材中芳香烃化合物相关内容。
2. 预习了解红外波谱分析相关内容。
3. 了解4-氨基邻苯二甲酰亚胺的合成方法。

三、实验原理

4-氨基邻苯二甲酰亚胺是一种重要的有机合成原料。作为一种中间体,4-氨基邻苯二甲酰亚胺被广泛应用于农业、医药及新材料等领域,是一种高效、低毒、广谱的农药中间体,也是制备抗抑郁药西酞普兰(Citalopram)的重要中间体;同时,它还是一种高级染料的中间体,特别是用于制备染料酞菁类化合物,而酞菁化合物是21世纪的重要新型材料之一。在工业上,酞菁类化合物已经被广泛应用于染料和色素。作为新型材料,酞菁化合物最近在其他领域也引起了广泛兴趣,如能量转换(光伏打和太阳能电池)、光电导材料、气电检测、光学非线性光敏化剂、整流器件、光存储器件、液晶、低维材料和电致变色等。作为酞菁类化合物合成的前体,邻苯二甲酰胺类化合物只要与相应金属盐在一定温度下熔融就可以得到相应取代的酞菁类化合物。

同时,可将4-氨基邻苯二甲酰亚胺的特殊结构应用于光学领域。4-氨基邻苯二甲酰亚胺及其衍生物的分子中有电子供给和接受部位,对氢键作用很敏感,是典型的电子给体-受体型荧光探针。相对于其他常用的荧光探针,4-氨基邻苯二甲酰亚胺型探针具有荧光强度大、分子体积小、对环境敏感等特点。由于其用途广泛,具有很好的研究和发展前景。

4-氨基邻苯二甲酰亚胺的合成方法中常用的是氯化亚锡-盐酸还原法和铁粉还原法。氯化亚锡价格较贵,应用受到限制;铁粉还原法价格便宜,但是产物被铁粉包裹而分离较难。本实验采用铁粉还原法,以邻苯二甲酸酐为起始反应物,用热溶剂溶出产物,解决了产物分离难的问题,提高了收率。本实验设计苯环的硝化反应和苯环上硝基的还原反应,是两类经典的芳香族化合物反应。本实验的合成路线如图12-1所示。

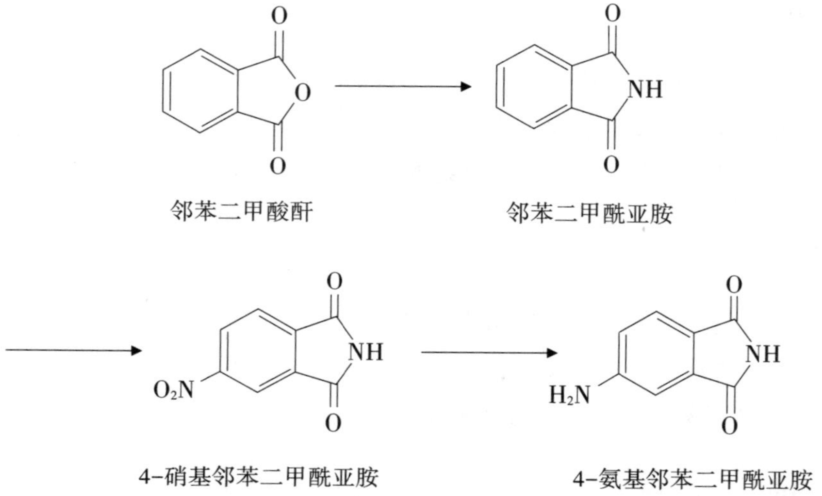

邻苯二甲酸酐 → 邻苯二甲酰亚胺 → 4-硝基邻苯二甲酰亚胺 → 4-氨基邻苯二甲酰亚胺

图12-1　4-氨基邻苯二甲酰亚胺的合成路线

四、实验用品

器材:电子天平,烧杯,磁力搅拌加热器,布氏漏斗,滤瓶,真空循环水泵,烘箱。AIPHA-CENTUART FTIR型红外光谱(KBr压片)。

试剂:邻苯二甲酸酐,脲,浓硫酸,发烟硝酸,无水乙醇,95%乙醇,还原铁粉,浓盐酸,甲醇,去离子水。

五、实验内容

1.邻苯二甲酰亚胺的制备

(1)邻苯二甲酰亚胺的制备方法

$$\text{邻苯二甲酸酐} + NH_2CONH_2 \xrightarrow{\text{加热}} \text{邻苯二甲酰亚胺}$$

将9.5 g邻苯二甲酸酐和2.0 g脲混合在一起,用研钵研磨使之混合均匀,将混合物加入一长颈平底烧瓶中,使之均匀铺在瓶底。油浴加热,升温至150~160 ℃,反应物开始熔化;缓慢升温至180 ℃,反应物全部熔化为液体;然后迅速膨胀生成大量固体,体积可增大为原来的3~4倍。冷却反应物,向其中加入400 mL水分散固体,吸滤出固体,固体用水反复重结晶,得到白色针状晶体。

(2)红外光谱分析

用红外光谱对得到的产物进行表征,样品的红外光谱图如图12-2所示,结果显示所得产物具备邻二甲酰亚胺结构的官能团。图12-2中1 388 cm^{-1}、1 468 cm^{-1}为苯环(C=C)的伸缩振动,1 751 cm^{-1}为羰基(C=O)的伸缩振动,3 205 cm^{-1}为N-H的伸缩振动,717 cm^{-1}为C-H摇摆震动。

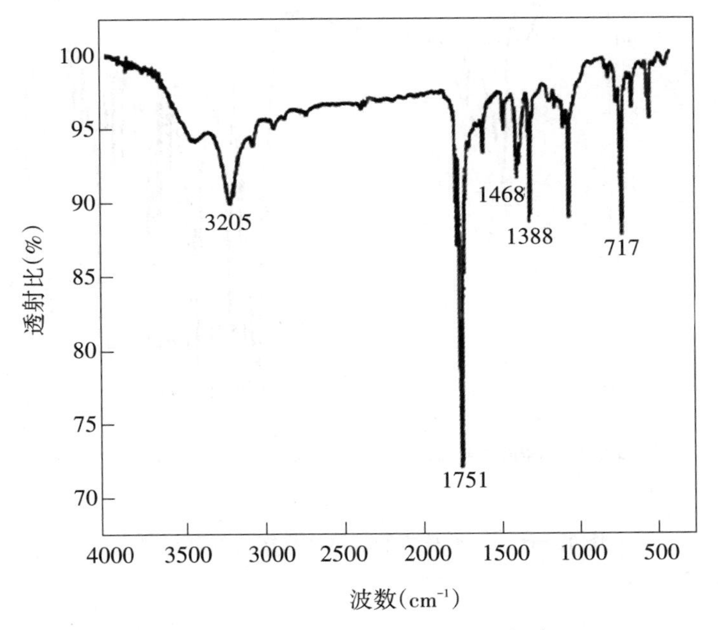

图12-2　邻苯二甲酰亚胺的红外光谱图

2.4-硝基邻苯二甲酰亚胺的制备

(1)4-硝基邻苯二甲酰亚胺的制备方法

$$\text{邻苯二甲酰亚胺} + \text{发烟}\ HNO_3 \xrightarrow{\text{浓}\ H_2SO_4} \text{4-硝基邻苯二甲酰亚胺}\ (O_2N\text{—})$$

在搅拌条件下,将4.0 g邻苯二甲酰亚胺分批加入25 mL浓硫酸和发烟硝酸(体积比4:1)组成的混合物中,冰浴控制反应温度在15 ℃以下,继续搅拌使固体在酸液中分散均匀;然后改成水浴升温至35 ℃,固体逐渐溶于酸液中,保持45 min,溶液逐渐变成黄色;将反应溶液加入1 000 g冰中,生成黄色固体,吸滤出固体并用大量水洗涤,至滤液呈中性。产品用乙醇重结晶,得到浅黄的色片状晶体,60 ℃干燥,得4-硝基邻苯二甲酰亚胺。

(2)红外光谱分析

用红外光谱对得到的产物进行表征,样品的红外光谱图如图12-3所示,结果显示所得产物具备4-硝基邻二甲酰亚胺结构的官能团。图12-3中1 349 cm^{-1}、1 546 cm^{-1}为苯环(C=C)的伸缩振动,1 706 cm^{-1}为羰基(C=O)的伸缩振动,3 327 cm^{-1}为N-H的伸缩振动,1 307 cm^{-1}为N-O的伸缩振动,719 cm^{-1}为C-H摇摆振动。

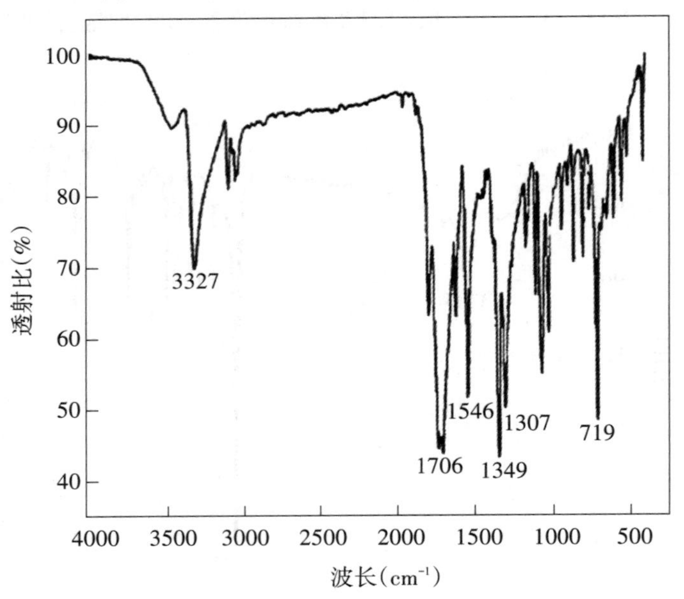

图12-3 4-硝基邻苯二甲酰亚胺的红外光谱图

3.4-氨基邻苯二甲酰亚胺的制备

(1)4-氨基邻苯二甲酰亚胺的制备方法

$$O_2N\text{-(NH)} \xrightarrow[CH_3OH\ \text{回流}]{Fe/HCl} H_2N\text{-(NH)}$$

将3.114 g 4-硝基邻苯二甲酰胺、64 mL甲醇和14 mL浓盐酸加入反应瓶，缓慢升温，在50 min内分批加入3.2 g铁粉，随着铁粉的加入，固体开始逐渐溶解，最后形成黄棕色溶液，并有少量黄色固体析出。反应完毕后，将反应液倒入80 mL冷水中，迅速产生黄色沉淀，产品用苯重结晶，得4-氨基邻苯二甲酰亚胺。不同的反应温度会得到不同质量的产品，请完成下面表12-1。

表12-1 不同反应温度对反应产率的影响

反应温度/℃	25	50	70	90
反应产率/%				

通过比较，该条件下__________℃产率最高。

(2)红外光谱分析

用红外光谱对得到的产物进行表征，样品的红外光谱图如图12-4所示，结果显示所得产物具备4-硝基邻苯二甲酰亚胺结构的官能团。图12-4中以1 615 cm^{-1}为中心的三个峰为苯环(C=C)的伸缩振动，1 717 cm^{-1}为羰基(C=O)的伸缩振动，3 443 cm^{-1}、3 359 cm^{-1}、3 239 cm^{-1}为N-H的伸缩振动，749 cm^{-1}为C-H摇摆振动。

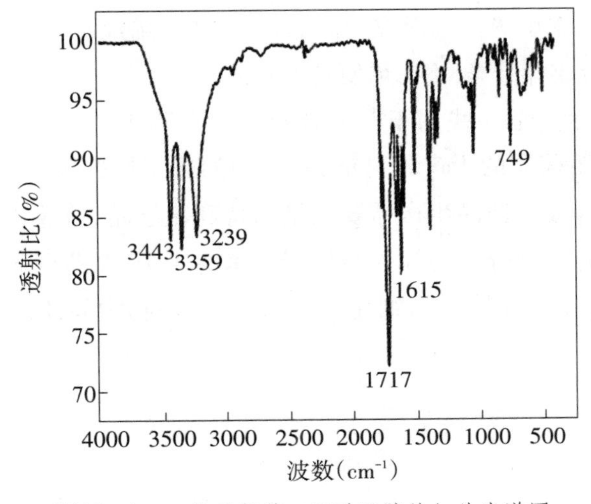

图12-4 4-氨基邻苯二甲酰亚胺的红外光谱图

六、实验思考

1.从电子效应分析邻苯二甲酰亚胺硝化为什么硝基在4-位？硝化反应为什么不会有多硝基取代的现象？

2.硝化反应起始温度为什么要控制在15 ℃以下？

3.在用铁粉还原硝基的反应中，盐酸起什么作用？

七、参考文献

[1]吕亮，杨文革，胡永红．4-氨基邻苯二甲酰亚胺的制备与表征[J].南京工业大学学报，2007，(6)，64-67.

[2]俞马金，张凡．4-硝基邻苯二甲腈的合成研究[J].化工科技，2001，9(2)，16-18.

八、延伸阅读

药物中间体

中间体最初是指用煤焦油或石油产品为原料合成香料、染料、树脂、药物、增塑剂、橡胶促进剂等化工产品的过程中生产出的中间产物。现泛指有机合成过程中得到的各种中间产物。

中间体是半成品，是生产某些产品中间的产物。比如要生产一种产品，可以从中间体进行生产，节约成本。中间体有由环状化合物如苯、萘、蒽等经磺化、碱熔、硝化、还原等反应而成。例如，苯经硝化成硝基苯，再经还原成苯胺，苯胺可经化学加工成染料、药物、硫化促进剂等。硝基苯和苯胺都是中间体。中间体也有由无环化合物如甲烷、乙炔、丙烯、丁烷、丁烯等经脱氢、聚合、卤化、水解等反应而成。例如，丁烷或丁烯经脱氢成丁二烯，丁二烯可经化学加工成合成橡胶、合成纤维等，丁二烯便是中间体。

药物中间体，实际上是一些用于药品合成工艺过程中的一些化工原料或化工产品。这种化工产品，不需要药品的生产许可证，在普通的化工厂即可生产，只要达到一定的级别，即可用于药品的合成。药品生产需要大量的特殊化学品，这些化学品原来大多由医药行业自行生产，但随着社会分工的深入与生产技术的进步，医药行业将一些药物中间体转交化工企业生产。药物中间体属精细化工产品，生产药物中间体已成为国际化工界的一大产业。

实验 13

己二酸的绿色催化合成及性质测定

一、实验目的

1. 学习绿色化学的基本概念。
2. 学习掌握双氧水氧化环己酮制备己二酸的方法。
3. 学习红外光谱的应用。

二、预习要求

1. 复习基础有机化学中二元羧酸的相关性质及应用。
2. 预习了解红外光谱仪的使用方法。
3. 学习双氧水氧化环己酮制备己二酸常见催化剂的类型。

三、实验原理

己二酸又称肥酸，是一种重要的基础化工原料和有机合成中间体，主要用作合成纤维(如尼龙-66)、聚酯泡沫塑料及合成树脂的生产原料，也可用于生产酯类增塑剂、润滑油添加剂、食品添加剂和纺织品处理剂等。传统的己二酸生产工艺主要采用硝酸氧化法，以强氧化性的浓硝酸氧化环己醇和环己酮(KA 油)得到己二酸，生产过程对设备腐蚀严重，同时还会产生大量的高浓度废酸液体和 N_2O 等氮氧化物气体，对环境污染严重。因此，开发一种生产过程绿色清洁，对环境友好的己二酸合成方法具有重要的环保意义和工业价值。

目前研究的方向之一是采用清洁氧化剂取代硝酸。双氧水即是一种理想的清洁氧化剂，其自身反应的唯一副产物为水，氧化反应条件温和且易于控制。以双氧水作氧化剂，需要在催化剂的作用下才能将环己醇或环己酮转化为己二酸，使用的催化剂多为含钨化合物。

本实验以环己酮为原料，在钨酸钠催化下，双氧水氧化合成己二酸。反应式如下所示：

$$\text{环己酮} + 3H_2O_2 \xrightarrow{Na_2WO_4.2H_2O} \text{HOOC(CH}_2)_4\text{COOH}$$

四、实验用品

器材：回流冷凝管1支，熔点仪1台，温度计1支，烧杯1个，100 mL三颈烧瓶1个，玻璃棒1根。

试剂：$Na_2WO_4\cdot 2H_2O$（分析纯），磺基水杨酸（分析纯），30%双氧水（分析纯），环己酮（分析纯）。

五、实验内容

1. 己二酸的合成

在装有温度计和回流冷凝管的100 mL三颈烧瓶中加入0.74 g的$Na_2WO_4\cdot 2H_2O$和所需的配体磺酸水杨酸0.32 g作催化剂，再加入考察量的双氧水（30%）。室温下快速搅拌20 min，然后加入10.51 mL（98 g，约0.1 mol）环己酮，将体系升温至设定温度回流反应7 h。反应结束后，冷却至室温，用冰水浴将反应液冷却0.5 h，己二酸从水相中结晶析出，抽滤，用10 mL冰水洗涤2~3次，得到己二酸晶体。空气中晾干后称量，计算收率。

注：（1）单纯的$Na_2WO_4\cdot 2H_2O$+双氧水催化体系对反应几乎没有活性，必须在配体的存在下，$Na_2WO_4\cdot 2H_2O$才有催化活性；（2）配体除了可用磺基水杨酸外，也可用水杨酸等酸性物。配体的酸性越强，己二酸的分离收率越高。

2. 反应条件的优化

依据上面实验1的步骤，主要考察不同反应温度及双氧水用量对己二酸收率的影响，完成下面表13-1和表13-2。

表13-1　反应温度对己二酸收率的影响

反应温度/℃	己二酸收率/%
80	
100	
120	
130	
140	

表13-2　双氧水用量对己二酸收率的影响

双氧水用量/mL	己二酸收率/%
20	
30	
40	
50	
60	

通过比较，最佳的反应温度为________℃，最佳的双氧水用量为________mL。

2.红外光谱分析

采用KBr压片法对样品进行红外光谱测定，并与标准谱图进行对比。己二酸的红外光谱图如图13-1所示。

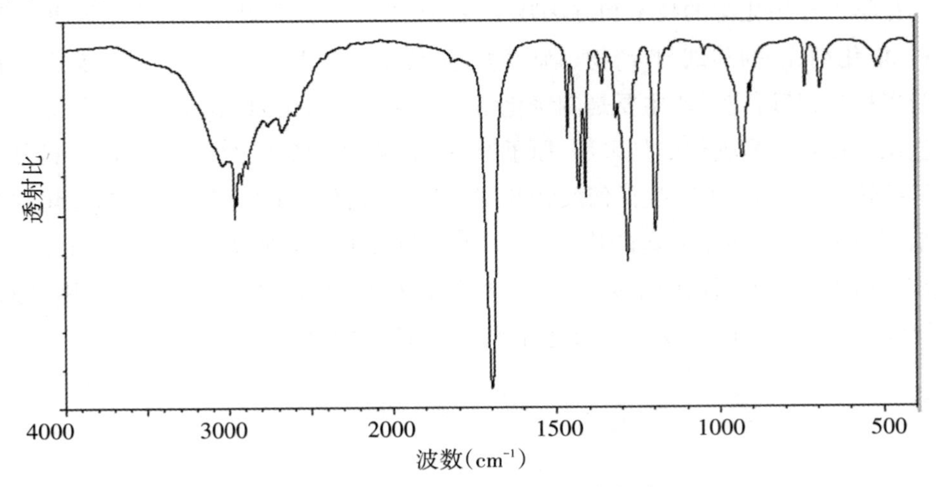

图13-1　所得己二酸产品的红外光谱图

3.熔点的测定

采用熔点仪测定样品熔点,纯己二酸熔点为152 ℃。

六、实验思考

1.采用双氧水氧化环己酮制备己二酸的方法的优点有哪些?

2.磺基水杨酸的作用是什么?还可以用什么物质替代?

3.产物为何必须干燥后再称重?

4.如果测得产物的熔程过长,说明得到的己二酸纯度如何?

七、参考文献

[1]丁宗彪,连慧,王全瑞,陶凤岗.钨化合物催化过氧化氢氧化环己酮合成己二酸[J].有机化学,2004,24(3),319-321.

[2]李珺,张逢星,李剑利.综合化学实验[M].北京:科学出版社,2011.

八、延伸阅读

绿色化学的概念

绿色化学又称环境无害化学(environmentally benign chemistry)、环境友好化学(environmentally friendly chemistry)、清洁化学(clean chemistry),即减少或消除危险物质的使用和产生的化学品和过程的设计。绿色化学涉及有机合成、催化、生物化学、分析化学等学科,内容广泛。绿色化学倡导用化学的技术和方法减少或停止那些对人类健康、社区安全、生态环境有害的原料、催化剂、溶剂和试剂、产物、副产物等的使用与产生。它是一门从源头上阻止环境污染的新兴科学,其研究工作主要是围绕化学反应、原料、催化剂、溶剂和产品的绿色化展开的。绿色化学技术中最理想的是采用"原子经济"反应,实现反应的绿色化,即原料分子中的每一原子都转化成产品,不产生任何废物和副产物,实现废物的"零排放"。绿色化学技术从三废控制等级来说,它属于防污的优先级,标志着防污工作由被动转向主动,因此与传统的"末端治理"相比具有更深远的意义。但是,要真正实现废物的"零排放"是非常困难的,当前的"原子经济"反应所取得的成果与绿色目标还有相当的距离。

实验 14

二苯乙炔的制备及核磁共振波谱测定

一、实验目的

1. 掌握由二卤代烷制备炔的合成原理及操作方法。
2. 掌握烯烃加成和卤代烃消除的反应机理。
3. 巩固加热回流和萃取等基本操作。
4. 了解红外光谱及核磁共振的原理及使用。

二、预习要求

1. 复习理论教材中烯烃的加成反应机理及炔烃的性质。
2. 预习了解红外光谱、核磁共振仪。
3. 了解二芳基炔烃在有机合成及功能材料中的应用。

三、实验原理

二苯乙炔含有碳碳三键官能团，由于其线性刚性结构及富含 π 电子的结构特点，在光电材料领域有着极为广泛的应用[图 14-1(a)]。另外二芳基乙炔结构也是有机合成中重要的合成单元，可以参与一系列环加成反应[图 14-1(b)]，同时其本身也是非常好的Lewis酸，在金属有机化学中常作为配体[图 14-1(c)]。

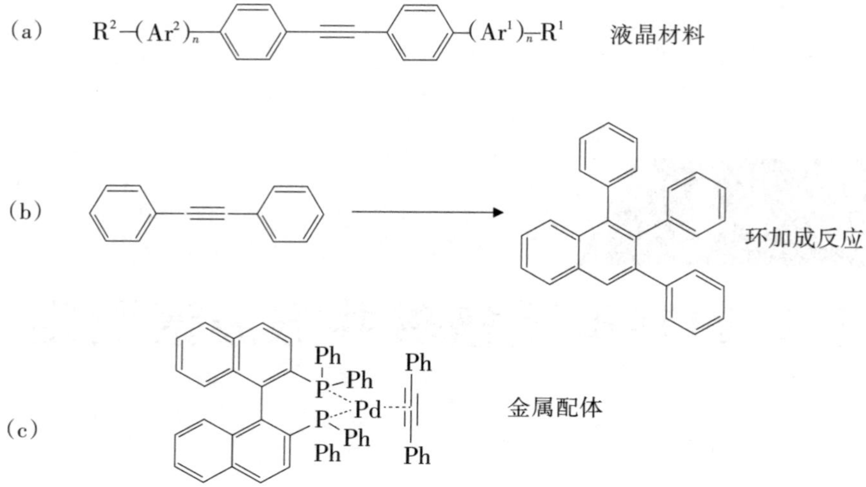

(a) $R^2-(Ar^2)_n-C_6H_4-C\equiv C-C_6H_4-(Ar^1)_n-R^1$ 液晶材料

(b) 环加成反应

(c) Ph P Ph Pd Ph Ph Ph Ph 金属配体

图14-1 二苯基乙炔及其衍生物的应用

二苯乙炔的制备通常有以下两种方法。

（1）过渡金属催化的Sonogashira偶联反应

薗头偶联（Sonogashira Coupling）反应，是由日本化学家薗头健吉于1975年发现的有机新反应，该反应利用由Pd/Cu混合催化剂催化的末端炔烃与芳基卤化物之间的交叉偶联反应来构筑碳碳三键。

$$R^1-X + H-\equiv-R^2 \xrightarrow[\text{碱性，室温}]{\text{Pd/Cu催化}} R^1-\equiv-R^2$$

（2）1，2-二苯乙烯的加成再消除反应合成二苯基乙炔

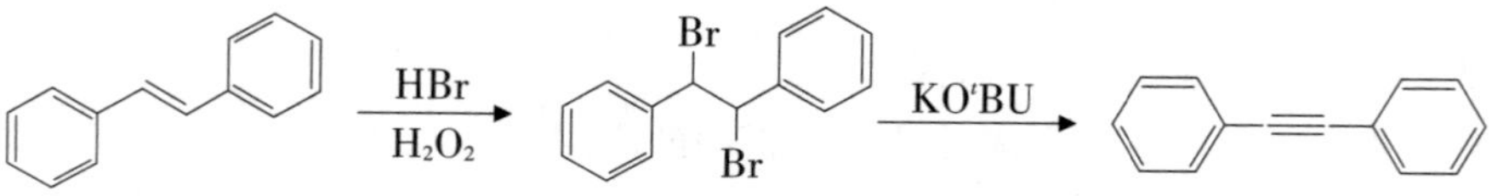

$$\xrightarrow[H_2O_2]{HBr} \quad (Br, Br) \quad \xrightarrow{KO^tBU}$$

该方法操作简便，原料便宜易得，避免使用昂贵的过渡金属催化剂，因此成为实验室制备二苯乙炔的常用途径。

在本实验项目中我们将研究用1，2-二苯乙烯来制备二苯乙炔，并尝试选择合适的氘代试剂对产品进行 ^{1}H NMR和IR图谱分析，证明产品结构的正确性。

四、实验用品

器材：三颈烧瓶（19#，100 mL），圆底烧瓶（19#，50 mL），锥形瓶（19#，50 mL，2个），回流冷凝管，直型冷凝管，接液管，抽滤瓶，布氏漏斗，温度计，滴液漏斗，分液漏斗，加热磁力搅拌

器、核磁共振仪、红外光谱仪。

试剂：二苯乙烯，乙醇，乙醚，30%双氧水，48%HBr，叔丁醇钾，四氢呋喃，碳酸氢钠，氯化钠，无水硫酸镁，pH试纸，氘代溶剂（$CDCl_3$、CD_3SOCD_3）。

五、实验内容

1.1,2-二溴二苯乙烯的合成

本实验项目装置图如图14-2所示。在三颈烧中加入二苯乙烯（3.0 mL，16.8 mmol）和60 mL乙醇，搅拌均匀，在80 ℃下缓慢滴加48%的HBr（7.2 mL），用时约30 min，再滴加30%双氧水，直到反应溶液颜色变为棕色为止（约需双氧水4.8 mL）。继续搅拌，直到颜色消失。停止加热，冷却至室温，用碳酸氢钠水溶液调节pH为6，得粗产物1,2-二溴二苯乙烯，过滤，用水充分洗涤，并在空气中干燥。

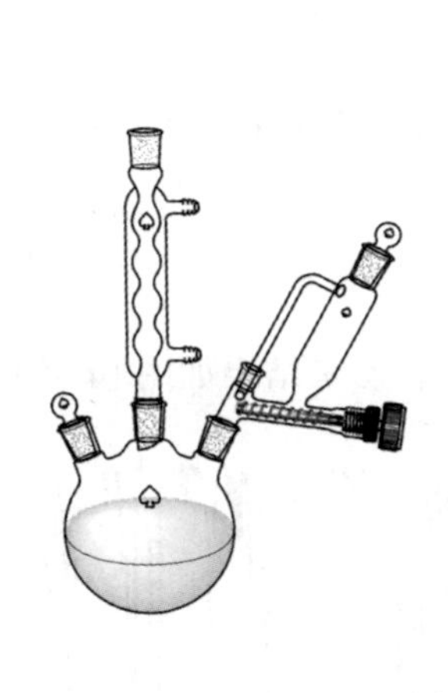

回流反应装置

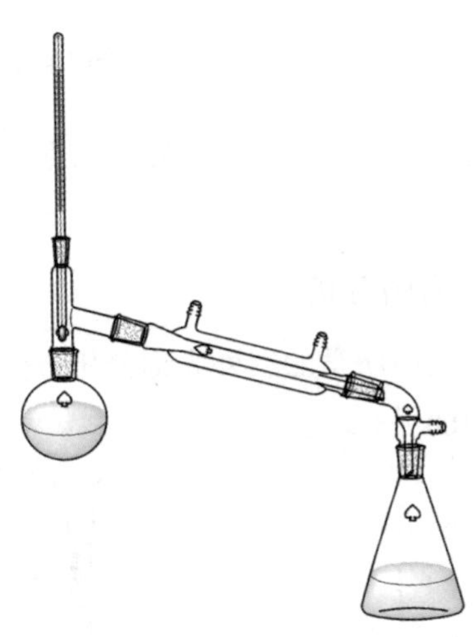

蒸馏装置

图14-2 反应装置图

2. 二苯乙炔的合成

在氮气保护下，在100 mL干燥的圆底烧瓶中加入上述二溴化物（2.2 g，6.55 mmol）和200 mL无水四氢呋喃。当固体全部溶解之后，加入叔丁醇钾（1.62 g，14.4 mmol），并将该混合物在室温下搅拌30 min。然后将反应液倒入200 mL水中，搅拌均匀后将溶液倒入分液漏斗中，用100 mL乙醚萃取两次。合并乙醚相，用氯化钠饱和，最后用无水硫酸镁干燥。过滤，蒸去乙醚，得到无色结晶固体__________g，测其熔点为__________℃。

3.¹H NMR 谱图分析

依据之前所学的核磁共振(NMR)分析方法,将产物进行 ¹H NMR 谱图分析。参考结果如图 14-3 所示。

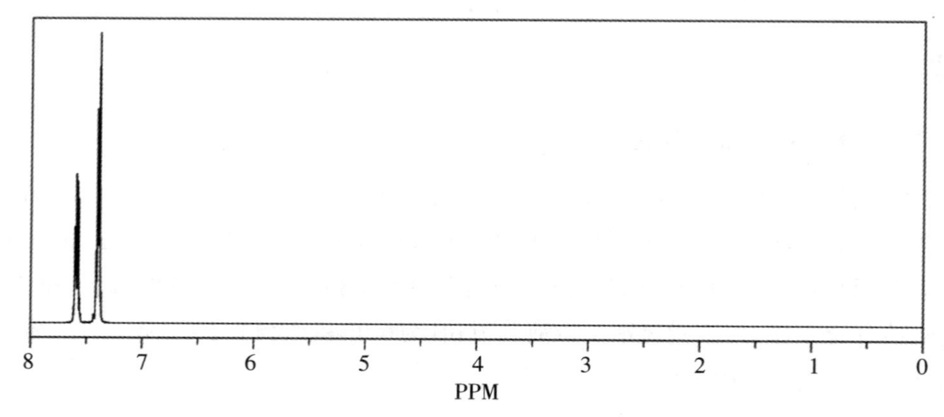

图14-3 二苯乙炔的 ¹H NMR 图

在选择氘代试剂时,我们应优先选用__________(A:$CDCl_3$;B:CD_3SOCD_3)为氘代溶剂,因为__________________。

4.IR 谱图分析

依据之前所学的红外光谱分析方法,将产物进行 IR 谱图分析,参考结果如图 14-4 所示。

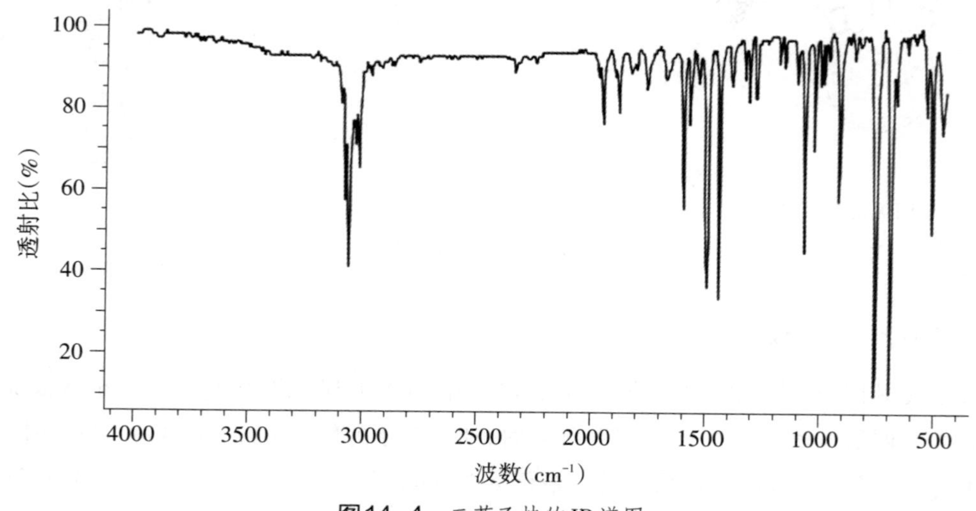

图14-4 二苯乙炔的 IR 谱图

一般情况下,碳碳三键的 IR 峰应该在__________cm^{-1};在本实验中,二苯乙炔的碳碳三键的 IR 峰______________,原因为________________。

六、实验思考

1.实验中产生的棕色物质是什么？写出其生成的反应方程式。

2.在调节pH时为什么选择碳酸氢钠水溶液？

3.在第二步反应中，为什么要用干燥的圆底烧瓶？

4.萃取有机相时为什么要用食盐饱和？

七、参考文献

[1]莫玲超，梁晓琴，安忠维，陈新兵，陈沛．侧向多氟取代二芳基乙炔类液晶的合成及性能[J].应用化学，2013(8)，861-866.

[2]Huang L Y, Aulwurrn U R, Heinemann F W. Rhodium-catalyzed synthesis of naphthalene derivatives through cyclodimerization of arylalkynes[J]. *European Journal of Inorganic Chemistry*, 1998, 12, 1951-1957 .

八、延伸阅读

液晶材料

某些物质在熔融状态或被溶剂溶解之后，失去固态物质的刚性，获得了液体的易流动性，却保留着部分晶体物质分子的各向异性有序排列，形成一种兼有晶体和液体的部分性质的中间态，这种由固态向液态转化过程中存在的取向有序流体称为液晶。现在所谓的液晶，囊括了在某一温度范围是显液晶相，在较低温度为正常结晶的物质。例如，液晶可以像液体一样流动(流动性)，但它的分子却是像道路一样取向有序的(各向异性)。有许多不同类型的液晶相，这可以通过其不同的光学性质(如双折射现象)来区分。当使用偏振光光源在显微镜下观察时，不同的液晶相将出现不同的纹理。在纹理对比区域，不同的纹理对应于不同的液晶分子。然而，所属分子是具有较好取向的、有序的。而液晶材料可能不总是在液晶相(正如水可变成冰或水蒸气)。

液晶可分为热致液晶、溶致液晶。热致液晶是指由单一化合物或由少数化合物的均匀混合物形成的液晶，通常在一定温度范围内才显现液晶相。典型的长棒形热致液晶的分子量一般在200~500 g/mol。溶致液晶是一种包含溶剂化合物在内的两种或多种化合物形成的液晶，是在溶液中溶质分子浓度处于一定范围内时出现的液晶相。它的溶剂主要是水或其他极性分子液剂。这种液晶中引起分子排列长程有序的主要原因是溶质与溶剂分子之间的相互作用，而溶质分子之间的相互作用是次要的。

实验 15

奥沙普秦的合成及性质表征

一、实验目的

1. 了解消炎镇痛药奥沙普秦。
2. 学习制备奥沙普秦的反应原理。
3. 掌握奥沙普秦的实验室合成方法。

二、预习要求

1. 预习了解奥沙普秦的结构。
2. 预习了解红外光谱、核磁共振仪。
3. 了解其他类型的非甾体抗炎药。

三、实验原理

奥沙普秦(Oxaprozin)化学名为4,5-二苯基噁唑-2-丙酸,别名苯噁丙酸和噁丙秦,属丙酸类非甾体抗炎药,是一种有效地抑制环氧化酶进而抑制前列腺素生物合成,而产生抗炎、镇痛、解热作用的抑制剂。奥沙普秦能有效地治疗强直性脊椎炎、风湿性关节炎、骨关节炎、变形性关节炎、肩关节周围炎和痛风发作等疾病,以及用于外伤和手术后的消炎、镇痛,具有口服吸收迅速完全、作用持久、消化道副作用小等特点。目前,奥沙普秦在我国批准上市的剂型仅有片剂和肠溶胶囊两种,与布洛芬、阿司匹林一样有明显的抗炎镇痛效果,但其应用剂量较布洛芬、阿司匹林小,作用强度高于吲哚美辛,副作用也小于其他非甾体抗炎药。奥沙普秦口服后吸收良好，成人一次服用0.4 g，体内血药浓度在3~4 h 内达到高峰，其半衰期约为50 h。

合成奥沙普秦一般采用的方法为，安息香和丁二酸酐在吡啶存在下生成中间产物4-氧-4-(2-氧-1，2- 二苯基乙氧基)丁酸，然后与乙酸铵在乙酸为溶剂条件下反应生成奥沙普秦，如图15-1所示。

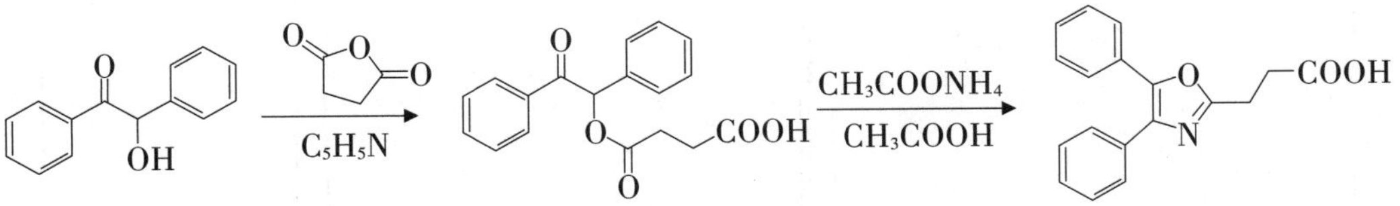

O
OH
O
O
O
C5H5N
O
O
O
COOH
O
CH3COONH4
CH3COOH
O
N
COOH

图15-1　奥沙普秦的合成线路

四、实验用品

器材：三颈瓶(19#，100 mL)，圆底烧瓶(19#，50 mL)，锥形瓶(19#，50 mL，2个)，回流冷凝管，直型冷凝管，干燥管，接液管，抽滤瓶，布氏漏斗，温度计，加热磁力搅拌器，核磁共振仪，红外光谱仪。

试剂：安息香，丁二酸酐，吡啶，甲醇，乙酸铵，乙酸，氘代溶剂($CDCl_3$、CD_3SOCD_3)。

五、实验内容

1. 奥沙普秦的合成

向带有磁子且干燥的三颈瓶中依次加入吡啶1.75 g，丁二酸酐2 g和安息香3.1 g，装上温度计、冷凝管，然后把三颈瓶放入恒温磁力搅拌器中进行加热、搅拌反应。温度控制在100~105 ℃(如图15-2所示)，此时溶液变为浅黄色，1.5 h后得到中间产物4-氧-4-(2-氧-1，2-二苯基乙氧基)丁酸。冷却后，向三颈瓶中加入7.5 g冰乙酸、2.25 g乙酸铵，搅拌下加热反应，温度控制在100~105 ℃反应2.5 h，加入4 mL蒸馏水，继续反应1 h，冷却至室温，反应瓶中析出结晶，抽滤，水洗三次，干燥，得到粗产品__________g。粗品用甲醇进行重结晶，得到奥沙普秦产品并计算产率为__________。

加热反应装置

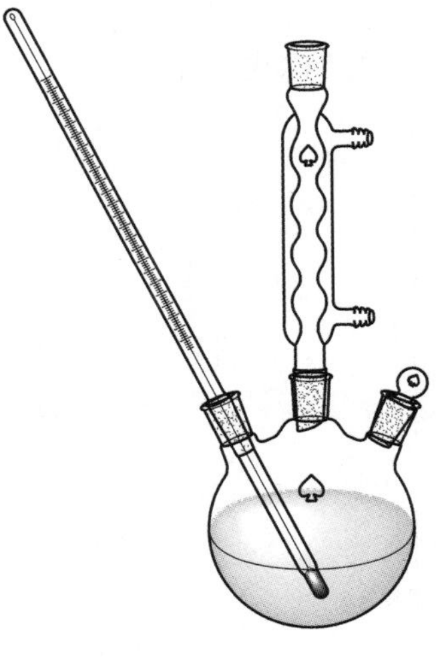

图15-2　反应装置图

2. ^{1}H NMR谱图分析

依据之前所学的核磁共振分析方法，将重结晶产物进行 ^{1}H NMR谱图分析($CDCl_3$)，参考结果如图15-3所示。

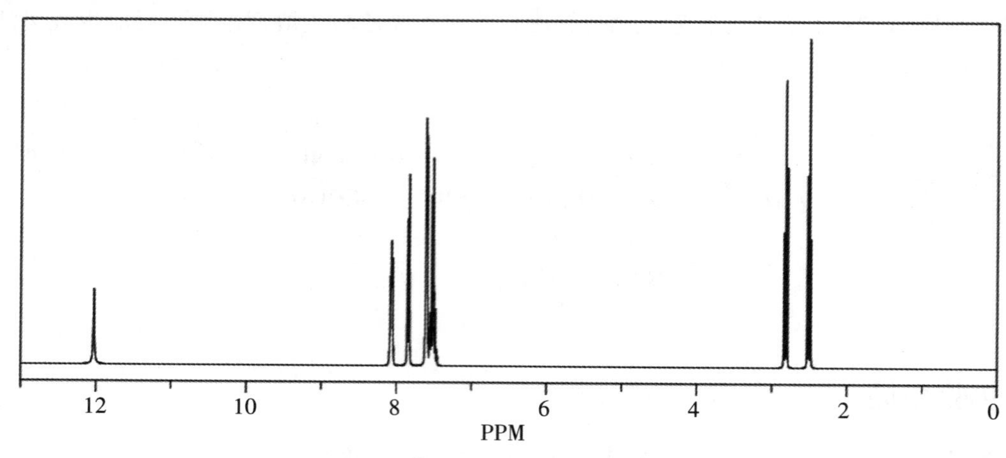

图15-3　奥沙普秦的 ^{1}H NMR图

结构式中羧酸中H的化学位移为________PPM，峰型为________。

3.IR谱图分析

依据之前所学的红外光谱分析方法，将产物进行IR分析，并把谱图画在下列方框中。实验测得O–H键的伸缩振动波数为________cm^{-1}，羰基的波数为________cm^{-1}。

样品IR图如下：

六、实验思考

1. 请写出反应中噁唑环的成环机理。

2. 反应第一步中的吡啶起什么作用?

3. 将重结晶后的产物进行 ^{1}H NMR测定时,发现在3.5 ppm左右出现一杂质峰,可能是什么物质? 如何去除?

七、参考文献

[1]李公春,王利叶,牛亮峰,赵军帅,吴长增,鞠志宇.奥沙普秦的合成[J].化学工程师,2015(10),9-10.

[2]温新民,张波,王惠云.微波法合成奥沙普秦[J].济宁医学院学报,2006(1),10-11.

八、延伸阅读

非甾体抗炎药

非甾体抗炎药(Nonsteroidal Antiinflammatory Drugs,NSAIDs)是一类不含有甾体结构的抗炎药,NSAIDs自阿司匹林于1898年首次合成后,100多年来已有百余种上千个品牌上市,这类药物包括阿司匹林、对乙酰氨基酚、吲哚美辛、萘普生、萘普酮、双氯芬酸、布洛芬、尼美舒利、罗非昔布、塞来昔布等,该类药物具有抗炎、抗风湿、止痛、退热和抗凝血等作用,在临床上广泛用于骨关节炎、类风湿性关节炎、多种发热和各种疼痛症状的缓解。

NSAIDs化学结构不同,但都通过抑制前列腺素的合成,发挥其解热、镇痛、消炎作用。NSAIDs通过抑制前列腺素的合成,抑制淋巴细胞活性和活化的T淋巴细胞的分化,减少对传入神经末梢的刺激,直接作用于伤害性感受器,阻止致痛物质的形成和释放等作用发挥镇痛作用;NSAIDs通过抑制前列腺素的合成,抑制白细胞的聚集,减少缓激肽的形成,抑制血小板的凝集等作用发挥消炎作用。

实验16

钯催化的suzuki反应合成2-苯基吡啶及其质谱表征

一、实验目的

1. 了解过渡金属催化的偶联反应。
2. 学习suzuki反应的操作步骤。
3. 学习利用质谱仪确定分子结构。

二、预习要求

1. 预习了解suzuki反应的机理。
2. 预习了解高分辨质谱仪工作原理。
3. 了解2-芳基吡啶的用途。

三、实验原理

Suzuki反应(铃木反应),也称Suzuki-Miyaura反应(铃木-宫浦反应),是一个较新的有机偶联反应,是指在零价钯配合物催化下,芳基或烯基硼酸或硼酸酯与氯、溴、碘代芳烃或烯烃发生的交叉偶联反应(图16-1)。该反应由铃木章在1979年首先报道,在有机合成中的用途很广,具有较强的底物适应性及官能团容忍性,常用于合成多烯烃、苯乙烯和联苯的衍生物,从而应用于众多天然产物、有机材料的合成中。日本化学家铃木章因发现该反应,于2010年获得诺贝尔化学奖(图16-1)。

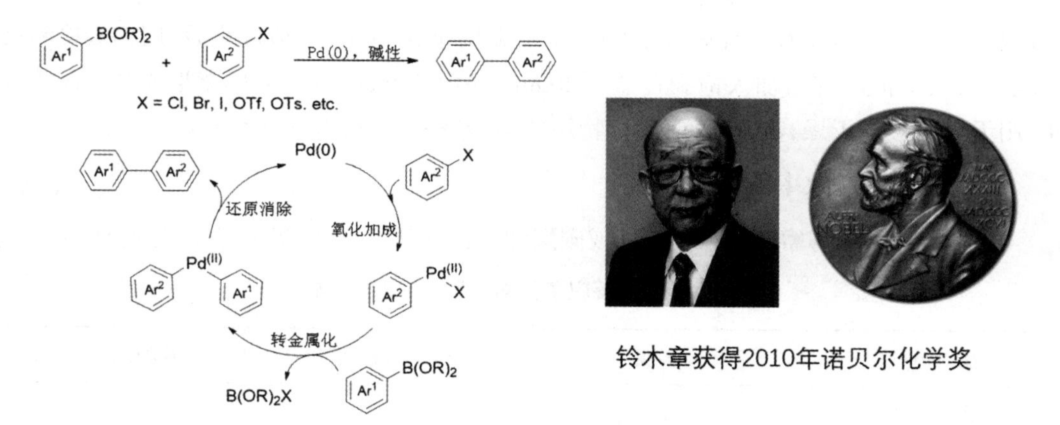

图16-1　suzuki反应及其发现者铃木章

该反应的机理为：零价钯催化剂首先与卤代芳烃发生氧化加成得到二价钯中间体，随后在碱的作用下与芳基硼化物发生转金属化，生成二芳基钯物种，紧接着发生还原消除，得到二芳基产物，二价钯还原成零价钯，完成催化循环。

2-苯基吡啶是一类重要的有机合成中间体，也常作有机金属化学中的配体。本实验中，我们将利用钯催化的suzuki反应合成2-苯基吡啶（图16-2），并探索反应条件对产物收率的影响，并对反应产物用高分辨质谱进行表征。

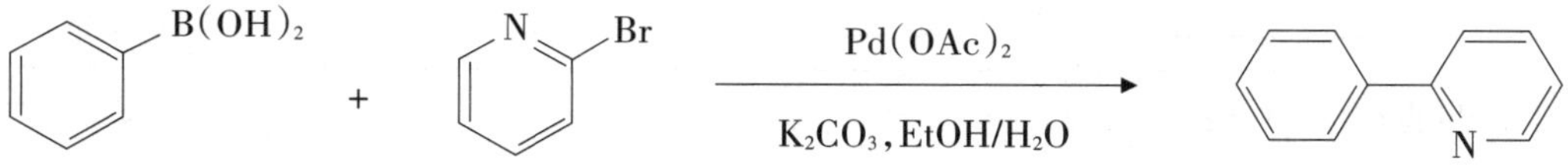

$$\text{PhB(OH)}_2 + \text{2-bromopyridine} \xrightarrow[\text{K}_2\text{CO}_3,\ \text{EtOH/H}_2\text{O}]{\text{Pd(OAc)}_2} \text{2-phenylpyridine}$$

图16-2　2-苯基吡啶的合成

四、实验用品

器材：圆底烧瓶（14#，10 mL，3个），回流冷凝管，磁力搅拌子，微量进样器，加热磁力搅拌器，高分辨质谱仪。

试剂：醋酸钯，碳酸钾，乙醇，苯硼酸，2-溴吡啶，乙醇，蒸馏水，乙酸乙酯。

五、实验内容

1. 2-苯基吡啶的合成

向带有磁子25 mL圆底烧瓶中依次加入2-溴吡啶95 μL（1 mmol），苯硼酸183 mg（1.5 mmol），醋酸钯7 mg（0.03 mmol），碳酸钾276 mg（2 mmol），乙醇6 mL，蒸馏水2 mL，装

上回流冷凝管，然后将圆底烧瓶置于80 ℃水浴中反应20 min。反应停止后，用TLC检测反应情况。待反应液冷却后加入饱和食盐水20 mL，并用乙酸乙酯（15 mL）萃取3次。合并有机相，用无水硫酸镁干燥，蒸干溶剂，残留物用柱层析进行分离，得到最终产物。

2. 反应条件对收率的影响

操作步骤同上，考察不加入醋酸钯或碳酸钾时，反应情况有何变化，并填写表16-1。

表16-1　反应条件对产物收率的影响

反应条件	不变	不加入醋酸钯	不加入碳酸钾
反应现象			
TLC情况			
产物收率			

3. 高分辨质谱表征

依据之前所学的质谱分析方法，将柱层析后的产物进行高分辨质谱分析测试，并把谱图画在下列方框中。根据测试结果，2-苯基吡啶的相对分子质量为__________________，测得的相对分子质量为______________________________。数值不一样的原因为____________________________。

样品的质谱图如下：

六、实验思考

1.思考哪些反应条件对反应的收率有较大影响。

2.查阅资料并思考,反应机理中,起始参与反应的钯催化剂为零价,为何该实验中二价的醋酸钯也可以催化反应?

3.除了suzuki反应,你还知道哪些过渡金属催化的偶联反应?

七、参考文献

RAO X, LIU C, QIU J, JIN Z. A highly efficient and aerobic protocol for the synthesis of N-heteroaryl substituted 9-arylcarbazolyl derivatives via a palladium-catalyzed ligand-free Suzuki reaction[J]. *Org Biomol Chem*, 2012, 10, 7875-7883.

八、延伸阅读

诺贝尔奖的由来

诺贝尔奖(The Nobel Prize)创立于1895年,是以瑞典著名的化学家、硝化甘油炸药的发明人阿尔弗雷德·贝恩哈德·诺贝尔(Alfred Bernhard Nobel)的部分遗产(3100万瑞典克朗)作为基金设立的。在世界范围内,诺贝尔奖通常被认为是所颁奖领域内最重要的奖项。

诺贝尔奖最初分设物理(Physics)、化学(Chemistry)、生理学或医学(Physiology or Medicine)、文学(Literature)、和平(Peace)等五个奖项,于1901年首次颁发。1968年,瑞典国家银行在成立300周年之际,捐出大额资金给诺贝尔基金,增设"瑞典国家银行纪念诺贝尔经济科学奖"(The Sveriges Riksbank Prize in Economic Sciences in Memory of Alfred Nobel)。该奖于1969年首次颁发,人们习惯上称这个额外的奖项为诺贝尔经济学奖。诺贝尔奖以"诺贝尔奖基金会"每年的利息或投资收益授予世界上在这六个领域对人类做出重大贡献的人,截至2017年,共授予了892位个人和24个团体。

实验 17

从红辣椒中提取、分离和鉴定辣椒红素

一、实验目的

1. 了解分离天然化合物的技术与方法。
2. 了解红辣椒所含色素的种类，掌握红色素的分离方法。
3. 掌握薄层色谱和柱色谱分离的一般步骤。
4. 了解紫外可见光谱仪的使用方法。

二、预习要求

1. 预习了解辣椒红素的结构及特点。
2. 预习色谱的分类。
3. 查找资料，了解辣椒红素的用途。

三、实验原理

辣椒红素是一种存在于成熟红辣椒果实中的四萜类橙红色素。红辣椒中极性较大的红色组成部分主要是辣椒红素（图 17-1）和辣椒玉红素，占总量的 5% ~ 60%；另一类是极性较小的黄色组成部分，主要成分是β-胡萝卜素（图 17-1）和玉米黄质，它们具有维生素 A 的活性。

辣椒红素不仅色泽鲜艳，色价高，着色力强，保色效果好，广泛应用于水产品、肉类、糕点、色拉、罐头、饮料等各类食品的着色，可有效地延长仿真食品的货架期，而且安全性高，具有营养保健作用，被现代科学证明有抗癌、抗辐射等功能，有很好的发展前景。辣椒红素已被美国 FAO、英国、日本、EEC、WHO 和中国等国家和国际组织审定为无限性使用的天然食品添加剂,其国际市场十分紧俏。

辣椒红素结构

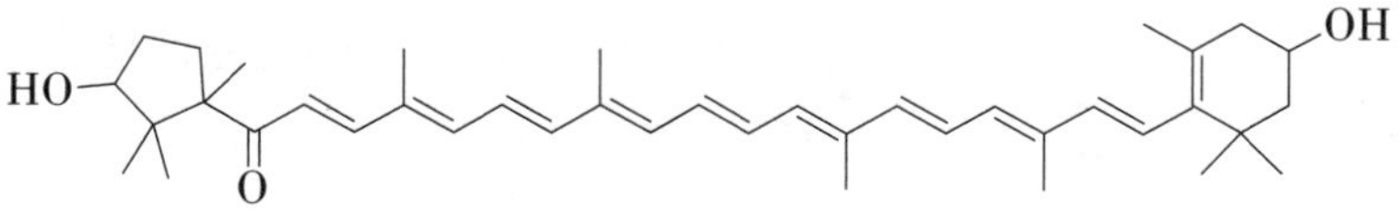

β-胡萝卜素结构

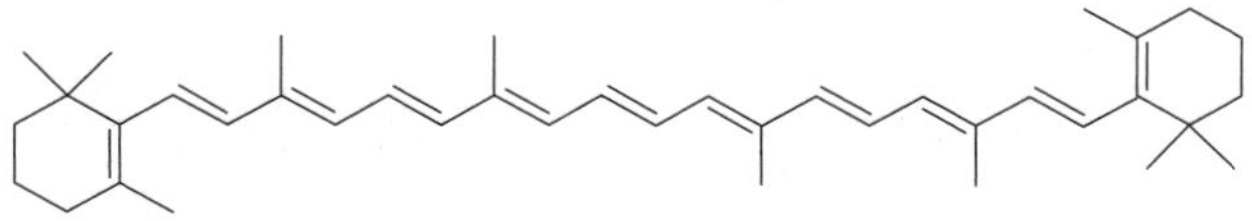

图17-1　辣椒红素和β-胡萝卜素的结构

我国辣椒资源丰富,种类繁多,从辣椒中提取辣椒红素有着广泛的前景。目前,国内外辣椒红素的生成方法主要有油溶法、超临界提取法和有机溶剂提取法三种。

本实验使用有机溶剂提取法,以二氯甲烷为溶剂提取、用硅胶柱层析分离辣椒红素,并使用紫外可见光谱仪鉴定分离出的化合物。

四、实验用品

器材:圆底烧瓶(50 mL)、回流冷凝管、紫外光谱仪、旋转蒸发仪、色谱柱(20 cm×1 cm)。

试剂:干辣椒、二氯甲烷、石油醚、硅胶 G(100~200 目)、石英砂、硅胶板。

五、实验内容

1. 提取

(1)在 50 mL 的圆底烧瓶中,放入 2 g 干燥并碾碎的红辣椒和两粒沸石,加入 30 mL 的二氯甲烷,装上回流冷凝管,水浴加热回流 20 min。

(2)待提取物冷却至室温,水泵抽滤。除去固体,滤液用旋转蒸发仪移去溶剂,收集色素混合物。

2. 点板

(1)以 200 mL 的广口瓶为层析槽,二氯甲烷作展开剂,取少量色素混合物于小烧杯中,滴入 2 ~ 3 滴二氯甲烷溶解。

(2)在硅胶板上点样,置入层析槽中层析,注意观察色带变化。层析结束后,将你看到的层析板画至以下框中,并结合相关资料,分析各个色带的成分并计算其 R_f 值。

	1. 硅胶板上共有_____条色带，颜色分别是________________。 2. 色带从上至下其成分分别是 ________________________。

3. 柱层析分离

（1）取直径 20 cm×1 cm 的层析柱，底部用脱脂棉塞上，并覆盖一层石英砂，加入洗脱剂（石油醚∶二氯甲烷 = 1∶1，体积比），至层析柱 3/4 高度，打开活塞，放出少许洗脱剂。

（2）称取硅胶 G（100～200 目）8 g 左右，用适量石油醚调成糊状，通过漏斗加入到层析柱中，边加边轻轻敲打层析柱，使硅胶装填紧密。待硅胶上层平齐后，加一层薄薄的石英砂。待洗脱剂降至石英砂上层时，关闭活塞。

（3）将提取的色素混合物用 1～2 mL 的洗脱剂溶解，用一根较长的滴管，沿柱壁加入色谱柱中，并立即打开活塞。

（4）向色谱柱中缓缓加入上述洗脱剂，用试管分段收集（每段 2 mL）洗脱液，各个洗脱液用 TLC 监测。

（5）合并 R_f 值相同的洗脱液，分别浓缩，得到各组分色素产品。

4. 紫外光谱鉴定

依据之前所学的紫外光谱分析方法，将柱层析后的辣椒红素溶液 5 滴于一试管中，加入 5 mL 正己烷，并以正己烷为空白进行紫外扫描，找出 λ_{max}。正己烷对照下，辣椒红素的 λ_{max}= 470 nm。

样品辣椒红素测得 λ_{max} 为________________。

六、实验思考

1. 装柱时，若柱子中有气泡或填装不均匀，会对分离造成什么样的影响？应如何避免？
2. 薄层层析过程中有拖尾现象，这是什么原因造成的？它对层析有何影响？如何避免？
3. 结合相关资料，分析薄层层析中色带的上下顺序是怎样的？

七、参考文献

陈红兵,李茜茜,李珍娟,李锐.红辣椒中提取红色素实验教学的改进[J].实验室科学,2017,20(5),51-53.

八、延伸阅读

辣椒"辣"的原理

辣椒素是一种含有香草酰胺的生物碱,能够与感觉神经元的香草素受体亚型1(vanilloid receptor subtype1,VR1)结合。由于VR1受体激活后所传递的是灼热感(它在受到热刺激时也会被激活),所以吃辣椒的时候,感受到的是一种灼热的感觉。这种灼热的感觉会让大脑产生一种机体受伤的错误概念,并开始释放人体自身的止痛物质——内啡肽,所以可以让人有一种欣快的感觉,越吃越爽,越吃越想吃。

辣椒素经过pH测试为偏碱性。食用辣椒可降低人身体中的酸含量。由于人类饮食多喜欢酸类食物,所以身体中的酸含量较高,毒素不能有效地排出体外。为了使身体中的酸碱食物链达到平衡的状态,平时也要食用少量的含有辣素的食品和蔬菜,确保体液的pH基本处于平衡状态。在食用较辣的蔬菜时,可在烹炒辣性蔬菜时加入含有酸性的物质,以降低辣素的含量。

美国科学家韦伯·史高维尔(Wilbur L. Scoville)在1912年,第一次制定了评判辣椒辣度的单位,就是将辣椒磨碎后,用糖水稀释,直到察觉不到辣味,这时的稀释倍数就代表了辣椒的辣度。为纪念史高维尔,将这个辣度标准命名为Scoville指数,而"史高维尔指标"(Scoville Heat Unit,SHU)也就成了辣度的单位。

史高维尔品尝判别辣度的方法已经被仪器定量分析所替代,但是他的单位体系保留了下来。论辣椒的辣度,只要看看它们的Scoville指数就行了。

表17-1 常见辣椒辣度表

辣椒品种	辣度/SHU
黄魔鬼辣椒	75万
中南美洲巧克力魔鬼辣椒	92万
印度魔鬼辣椒	101万
千里达辣椒	148万
阴阳毒蝎王鬼辣椒	166万
朝天椒	3万

实验18

碳酸钠的制备和含量测定(双指示剂法)

一、实验目的

1. 掌握实验室制备碳酸钠的方法。
2. 掌握用双指示剂法测定Na_2CO_3含量的原理和方法。
3. 了解工业上联合制碱(简称“联碱”)法的基本原理。
4. 学会利用各种盐类溶解度的差异使其彼此分离的操作技能。
5. 了解复分解反应及热分解反应的条件。

二、预习要求

1. 预习实验室制备碳酸钠的方法。
2. 复习用双指示剂法测定Na_2CO_3含量的原理和方法。
3. 复习工业上联合制碱(简称“联碱”)法的基本原理。
4. 复习利用各种盐类溶解度的差异使其彼此分离的操作技能。

三、实验原理

1.Na_2CO_3的制备

碳酸钠俗称苏打,工业上叫纯碱。较具规模的合成氨厂中常设有“联碱”车间,将二氧化碳和氨气通入氯化钠溶液中,先反应生成$NaHCO_3$,再在高温下灼烧$NaHCO_3$,使其分解而转化成Na_2CO_3,其反应式为:

$$NH_3 + CO_2 + H_2O + NaCl \xlongequal{} NaHCO_3 + NH_4Cl$$

$$2NaHCO_3 \xlongequal{灼烧} Na_2CO_3 + H_2O + CO_2\uparrow$$

第一个反应实际就是下列复分解反应：

$$NH_4HCO_3 + NaCl \xlongequal{} NaHCO_3 + NH_4Cl$$

碳酸钠的实验室制备方法为：直接使用NH_4HCO_3和NaCl进行复分解反应，根据体系中存在的四种盐NH_4HCO_3、NaCl、$NaHCO_3$和NH_4Cl的溶解度随温度变化情况的差异，控制适宜的浓度与温度条件进行上述反应并将$NaHCO_3$分离出来。反应中所出现的四种盐在水中的溶解度见表18-1。

表18-1 四种盐在水中的溶解度(g/100g)

盐 \ 温度/℃	0	10	20	30	40	50	60	70	80	90	100
NaCl	25.7	35.8	36.0	36.3	36.6	37.0	37.3	37.8	38.4	39.0	39.8
NH_4HCO_3	11.9	15.8	21.0	27.0	—	—	—	—	—	—	—
$NaHCO_3$	6.9	8.15	9.6	11.1	12.7	14.5	16.4	—	—	—	—
NH_4Cl	29.4	33.3	37.2	41.4	45.8	50.4	55.2	60.2	65.6	71.3	77.3

从表18-1中看出，当温度在40 ℃时NH_4HCO_3已分解，实际上在35 ℃就开始分解了，因此整个反应温度控制不超过35 ℃。温度太低，NH_4HCO_3溶解度较小；浓度低，不利于反应向生成产物$NaHCO_3$方向移动。因此，反应温度不宜低于30 ℃，适宜温度为30～35 ℃。

如果在30～35 ℃下将研细的NH_4HCO_3固体加到NaCl溶液中，在充分搅拌的条件下就能使复分解反应进行，并随即有$NaHCO_3$晶体转化析出。

2.Na_2CO_3的测定

由$NaHCO_3$制备所得的Na_2CO_3产品中常夹杂有$NaHCO_3$。所以，通常要分析$NaHCO_3$及Na_2CO_3各自的含量。Na_2CO_3和$NaHCO_3$的混合碱常用两种指示剂(酚酞和甲基橙)进行连续滴定。称取一定质量的碱样品(m_s)，配制成溶液(V_s)，再取出一定体积(V_t)，先以酚酞为指示剂，用HCl标准溶液滴定至终点(浅红变为无色)，消耗HCl溶液V_1 mL；然后继续以甲基橙为指示剂，用HCl标准溶液滴定至终点(黄色变为橙色或橙红色)，消耗HCl溶液V_2 mL。根据两步滴定终点所消耗的HC1标准溶液的量计算各组分含量。用HCl溶液滴定Na_2CO_3和$NaHCO_3$混合碱的反应分两步进行:

酚酞终点： $Na_2CO_3 + HCl \xlongequal{} NaHCO_3 + NaCl$

甲基橙终点： $NaHCO_3 + HCl \xlongequal{} NaCl + CO_2\uparrow + H_2O$

$$\omega_{Na_2CO_3} = \frac{c_{HCl}V_1 M_{Na_2CO_3} \times \frac{V_s}{V_t}}{m_s} \times 100\%$$

$$\omega_{NaHCO_3} = \frac{c_{HCl}(V_2 - V_1)M_{NaHCO_3} \times \frac{V_s}{V_t}}{m_s} \times 100\%$$

若是纯Na_2CO_3，用HCl溶液滴定时，两步反应所消耗的HCl体积应该是相等的。若产品中有$NaHCO_3$时，则第二步反应消耗的HCl要比第一步多一些。实际上可根据两步滴定所消耗的HCl溶液判断有无$NaHCO_3$。如果$V_2 = V_1$时，即产品中无$NaHCO_3$；若$V_2 > V_1$，则表明产品中含有$NaHCO_3$。

四、实验用品

器材：电磁搅拌器，吸滤瓶，布氏漏斗，坩埚，坩埚钳，研钵，滤纸，电子天平，分析天平，酸式滴定管（50 mL），锥形瓶（250 mL）。

试剂：粗盐饱和溶液，HCl（6 mol/L），酒精（1∶1，用$NaHCO_3$饱和过的），Na_2CO_3（饱和溶液），NH_4HCO_3（固），HCl（0.1 mol/L标准溶液），酚酞指示剂，甲基橙指示剂。

五、实验内容

1.$NaHCO_3$的制备

量取20 mL饱和粗盐溶液置于100 mL烧杯中，加热至近沸，保持在此温度下用滴管逐滴加入饱和Na_2CO_3溶液，调节pH约为11，此时溶液中有大量胶状沉淀物[$Mg(OH)_2 \cdot CaCO_3$]析出。继续加热至沸，趁热常压过滤弃去沉淀，滤液转入150 mL烧杯中，再用6 mol/L HCl溶液调节溶液pH为7左右。

将盛有上述滤液的烧杯放在水浴中，控制温度为30～35 ℃，在不断搅拌的条件下将预先研细的8.5 g NH_4HCO_3分次（5~8次）全部加入。加完后，继续保持30～35 ℃并连续搅拌约30 min使反应充分进行。从水浴中取出后静置，抽滤除去母液，所得白色晶体即为$NaHCO_3$，用$NaHCO_3$饱和过的1∶1的酒精水溶液洗涤3～4次，将大部分吸附在$NaHCO_3$上的铵盐及过量的NaCl洗去。

2.$NaHCO_3$加热分解制Na_2CO_3

将上述所得$NaHCO_3$产品置于蒸发皿中，先在石棉网以小火烘干，然后移入坩埚中，于高温炉中（调节温度为300 ℃）加热30 min，然后停止加热，降温稍冷后，称量并计算产率。产品用研钵研细后转入称量瓶中,于干燥器中保存备用。

3.碳酸钠含量测定

在分析天平上以差减法准确称取自制的 Na_2CO_3 产品约0.12 g置于250 mL锥形瓶中,加入蒸馏水约50 mL,样品溶解后加入酚酞指示剂1~2滴,用盐酸标准溶液滴定至由红色变至无色,记录所消耗的盐酸溶液体积(V_1)。再在溶液中加2滴甲基橙指示剂,这时溶液为黄色,继续用HCl标准溶液滴定至溶液由黄色突变至橙色,将锥形瓶置于石棉网上加热至沸1 ~2 min,冷却后溶液又变黄色,再小心慢慢地用HCl溶液滴定至溶液再突变成橙色即达到终点,记下所消耗HCl溶液的体积 V_2。平行测定3~4次,计算 $NaHCO_3$ 和 Na_2CO_3 的含量及其产率,计算过程写在下面的方框中。

计算过程:

注意事项:

1.临近第一个滴定终点时,一定要使HCl溶液逐滴滴入并不断振荡溶液,以防HCl局部过浓而 CO_2 逸出,造成实验误差。

2.复分解反应制备 $NaHCO_3$ 时,温度很重要,用水浴控制在30 ~ 35 ℃。

3.粗盐饱和水溶液需要除去杂质才能用于与 NH_4HCO_3 的复分解反应。

4.用HCl标准溶液滴定至溶液由黄色突变至橙色时,需将锥形瓶置石棉网上加热至沸1 ~2 min,等溶液中的 CO_2 逸出并冷却后,再小心慢慢地用HCl标准溶液滴定至溶液再突变成橙色即达到终点。加热后如果溶液颜色不变，仍为橙色，则表明终点已过。

六、实验思考

1. 为什么在洗涤$NaHCO_3$时要用饱和$NaHCO_3$的酒精洗涤液，且少量多次洗涤？

2. 如何提高制备的$NaHCO_3$的纯度？怎样检验产品中含有NaCl或NH_4Cl？

3. Na_2CO_3和$NaHCO_3$的混合碱还可用氯化钡法，简述其原理及计算式。

七、参考文献

王平，李莉，隋丽丽，翟明翚. 分析化学实验[M]. 哈尔滨：哈尔滨工程大学出版社，2012.

八、延伸阅读

侯氏联合制碱法

针对索尔维法生产纯碱时食盐利用率低，制碱成本高，废液、废渣污染环境和难以处理等不足，侯德榜先生经过上千次试验，在1943年成功研究了联合制碱法。所谓“联合制碱法”中的“联合”，指该法将合成氨工业与制碱工业组合在一起，利用了生产氨时的副产品CO_2，革除了用石灰石分解来生产的技术，简化了生产设备。此外，联合制碱法也避免了氨碱法中用处不大的副产物氯化钙的产生，而用可作化肥的氯化铵来回收，提高了食盐利用率，缩短了生产流程，减少了对环境的污染，降低了生产纯碱的成本。联合制碱法很快为世界所采用。这一方法把世界制碱技术水平推向了一个新高度，赢得了国际化工界的极高评价。1943年，中国化学工程师学会一致同意将这一新的联合制碱法命名为“侯氏联合制碱法”。

实验 19

工业硫酸铜的提纯及其分析

一、实验目的

1. 掌握粗硫酸铜提纯及纯度检验的原理和方法。
2. 巩固过滤、蒸发、结晶等基本操作技能。
3. 掌握分光光度计的正确使用。
4. 学习如何选择吸光光度分析的实验条件，掌握光度法测定铁的原理。
5. 掌握间接碘量法测定铜的原理和方法。

二、预习要求

1. 预习粗硫酸铜提纯及纯度检验的原理和方法。
2. 复习过滤、蒸发、结晶等基本操作技能。
3. 复习分光光度计的使用方法。
4. 预习间接碘量法测定铜的原理和方法。

三、实验原理

1. 粗硫酸铜的提纯

根据物质的溶解度不同，可溶性晶体物质中含有的杂质分为可溶性杂质和不溶性杂质两类，前者可通过溶解过滤的方法除去，后者可通过重结晶的方法除去。硫酸铜为可溶性晶体物质，粗硫酸铜晶体中的可溶性杂质通常以硫酸亚铁和硫酸铁最多。Fe^{2+}可用氧化剂 H_2O_2

氧化成Fe^{3+}，然后用NaOH调节溶液的pH近似为4，使Fe^{3+}水解成为$Fe(OH)_3$沉淀，再过滤除去。反应如下：

$$2Fe^{2+} + H_2O_2 + 2H^+ \xlongequal{} 2Fe^{3+} + 2H_2O$$

$$Fe^{3+} + 3H_2O \xlongequal{} Fe(OH)_3 \downarrow + 3H^+$$

溶液pH的调节既要保证Fe^{3+}沉淀完全，又不能使Cu^{2+}生成沉淀，若实验中称取4.0 g粗硫酸铜，溶解于15 mL纯水中，则Cu^{2+}的粗略浓度为：

$$c_{Cu^{2+}} = \frac{4.0/250}{15 \times 10^{-3}} = 1.07\,(mol/L)$$

Cu^{2+}开始沉淀时，溶液的pH为：

$$c_{OH^-} = \sqrt{\frac{K^{\Theta}_{sp,Cu(OH)_2}}{c_{Cu^{2+}}/c^{\Theta}}} = \sqrt{\frac{5.66 \times 10^{-20}}{1.07}} = 2.30 \times 10^{-10}\,(mol/L)$$

$$\text{即 } pH = 4.36$$

使Fe^{3+}沉淀完全所需的溶液pH为：

$$c_{OH^-} = \sqrt[3]{\frac{K^{\Theta}_{sp,Fe(OH)^3}}{c_{Fe^{3+}}/c^{\Theta}}} = \sqrt[3]{\frac{2.79 \times 10^{-39}}{1.0 \times 10^{-5}}} = 6.53 \times 10^{-12}\,(mol/L)$$

$$\text{即 } pH = 2.81$$

即溶液的pH应控制在2.81～4.36之间，故一般调为4。除去Fe^{3+}后的滤液经蒸发、浓缩，即可制得$CuSO_4 \cdot 5H_2O$。其他微量杂质在硫酸铜结晶析出时留在母液中，经过滤即可与硫酸铜分离。

2. 提纯后硫酸铜中微量Fe的测定

提纯后的$CuSO_4 \cdot 5H_2O$中仍含有微量铁离子，可通过光度法测定。首先用盐酸羟胺将Fe^{3+}还原为Fe^{2+}，反应如下：

$$2Fe^{3+} + 2NH_2OH \cdot HCl \xlongequal{} 2Fe^{2+} + N_2 \uparrow + 4H^+ + 2H_2O + 2Cl^-$$

以邻二氮菲试剂作为显色剂，与Fe^{2+}生成稳定的红色配合物，其$\lg K_{稳} = 21.3$，摩尔吸光系数$\varepsilon = 1.1 \times 10^4\ L \cdot mol^{-1} \cdot cm^{-1}$。显色反应为：

$$Fe^{2+} + 3phen \xlongequal{} \left[Fe(phen)_3\right]^{2+}$$

显色反应的适宜pH为2～9，显色产物的最大吸收波长为510 nm。Cu^{2+}、Co^{2+}、Ni^{3+}、Cd^{2+}、Hg^{2+}、Mn^{2+}、Zn^{2+}等离子也能与邻二氮菲形成稳定络合物，在量少时不干扰测定，量大时可用EDTA掩蔽或预先分离。用标准曲线法测定硫酸铜试样中的微量铁。

3. 铜含量的测定

Cu^{2+}含量的测定常采用间接碘量法。用NH_4HF_2控制溶液pH为3.0～4.0，Cu^{2+}与过量的KI作用，生成CuI沉淀，同时析出I_2，用$Na_2S_2O_3$标准溶液滴定析出的I_2至淡黄色时，加入KSCN将CuI（$K_{sp}=1.1\times10^{-12}$）转化为溶解度更小的CuSCN沉淀（$K_{sp}=4.8\times10^{-15}$），加入淀粉指示剂，继续滴定至蓝色刚好消失即为终点。反应式及计算式如下：

$$2Cu^{2+}+4I^- = 2CuI\downarrow+I_2$$

$$I_2+2S_2O_3^{2-} = 2I^-+S_4O_6^{2-}$$

$$\omega_{Cu}=\frac{c_{Na_2S_2O_3}V_{Na_2S_2O_3}M_{Cu}}{m_s}$$

近终点时加入硫氰酸盐，将CuI转化为溶解度更小的CuSCN沉淀，目的是把CuI表面吸附的I_2释放出来使反应更为完全。即：

$$CuI+SCN^- = CuSCN+I^-$$

KSCN应在接近终点时加入，否则SCN^-会还原大量存在的I_2，致使测定结果偏低。KSCN除了作为缓冲控制溶液pH防止Cu^{2+}水解外，还作为掩蔽剂与Fe^{3+}配位，避免Fe^{3+}氧化I^-而使测定结果偏高。

四、实验用品

器材：台秤，漏斗，漏斗架，布氏漏斗，吸滤瓶，蒸发皿，真空泵，比色管（50 mL）8个，滤纸，分光光度计，分析天平，碱式滴定管（50 mL）1支，移液管（25 mL）1支，锥形瓶（250 mL）3个，烧杯（100 mL）1个，量筒（10 mL）1个，容量瓶（250 mL）1个。

试剂：粗$CuSO_4$；NaOH溶液（0.5 mol/L，1 mol/L）；$NH_3\cdot H_2O$溶液（6 mol/L）；H_2SO_4溶液（1 mol/L）；HCl溶液（2 mol/L和6 mol/L）；H_2O_2溶液（30 g/L）；KSCN溶液（0.1 mol/L）；铁标准溶液（含铁100 μg/mL）：准确称取0.8634 g的$NH_4Fe(SO_4)_2\cdot12H_2O$，置于烧杯中，加入20 mL 1∶1 HCl和少量水，溶解后，定量地转移至1 L容量瓶中，以水稀释至刻度，摇匀；邻二氮菲溶液（1.5 g/L）；盐酸羟胺溶液（100 g/L，用时配制）；NaAc溶液（1 mol/L）；KI溶液（100 g/L）；$Na_2S_2O_3$溶液（0.1 mol/L）；淀粉指示剂（5 g/L）；NH_4SCN溶液（100 g/L）；KIO_3基准物质。

五、实验内容

1. 粗硫酸铜的提纯

（1）溶解

称取已研细的粗硫酸铜10 g放入100 mL小烧杯中，加入20 mL去离子水，搅拌、加热，使其溶解，当硫酸铜完全溶解时，立即停止加热。

(2)氧化及水解

向溶液中滴加4 mL 30 g/L H_2O_2溶液，搅拌，然后加热，逐滴加入0.5 mol/L NaOH溶液并不断搅拌，直至pH≈4(用pH试纸检验)。再加热片刻，静置，使$Fe(OH)_3$沉降(注意沉淀的颜色，若有$Cu(OH)_2$的浅蓝色出现时，表明pH过高)。

(3)常压过滤

折好滤纸，放入漏斗，并用纯水润湿滤纸，趁热过滤硫酸铜溶液，滤液承接在清洁的蒸发皿中，用少量水洗涤烧杯和玻棒，洗涤水也全部滤入蒸发皿中。

(4)蒸发和结晶

在滤液中加入2滴1 mol/L H_2SO_4溶液，使溶液酸化，至pH为1～2。然后放在石棉网上加热浓缩直到液面刚好有少许晶膜出现时，停止加热，静置，冷却到室温，得$CuSO_4 \cdot 5H_2O$晶体和母液(有微量杂质)。

(5)减压过滤

将$CuSO_4 \cdot 5H_2O$结晶用玻棒转入布氏漏斗中减压过滤，尽可能除去晶体间夹的母液。

(6)烘干并称重

将抽滤好的$CuSO_4 \cdot 5H_2O$晶体转移至表面皿上，放入烘箱，在100~110 °C条件下烘干，冷却称量。

2.提纯后$CuSO_4$中微量Fe的测定

(1)预处理

①将Fe^{2+}氧化成Fe^{3+}。称取产品0.5 g，溶解于3 mL去离子水中，加入0.3 mL 1 *mol*/L H_2SO_4酸化，再加入数滴30 g/L H_2O_2，加热煮沸，将Fe^{2+}氧化成Fe^{3+}。

②除$Fe(OH)_3$。在冷却的上述溶液中加入6 mol/L的$NH_3 \cdot H_2O$并不断搅拌，至碱式硫酸铜全部转化成铜氨配离子，主要反应如下：

$$Fe^{3+} + 3NH_3 \cdot H_2O = Fe(OH)_3 \downarrow + 3NH_4^+$$

$$2Cu^{2+} + SO_4^{2-} + 2NH_3 \cdot H_2O = Cu_2(OH)_2SO_4 + 2NH_4^+$$

$$Cu(OH)_2SO_4 + 2NH_4^+ + 6NH_3 \cdot H_2O = 2[Cu(NH_3)_4]^{2+} + SO_4^{2-} + 8H_2O$$

常压过滤后，用6 mol/L的$NH_3 \cdot H_2O$洗涤滤纸至蓝色消失。滤纸上留下黄色的$Fe(OH)_3$。

③溶解$Fe(OH)_3$沉淀。将1.5 mL 2 mol/L的HCl溶液逐滴滴在滤纸上(滤液接收在比色管中)，至$Fe(OH)_3$全部溶解，若不能全部溶解，可将滤液再滴在滤纸上，反复操作至$Fe(OH)_3$全部溶解为止。加去离子水将滤液稀释至5.0 mL。

(2)铁含量的测定

①标准曲线的制作。用移液管吸取10.00 mL 100 μg/mL铁标准溶液于100 mL容量瓶中,加入2 mL 6 mol/L HCl溶液,用水稀释至刻度,摇匀。此溶液Fe^{3+}的浓度为10.00 μg/mL。在6个50 mL容量瓶中,用吸量管分别加入0.00 mL、2.00 mL、4.00 mL、6.00 mL、8.00 mL、10.00 mL 100 μg/mL铁标准溶液,均加入1.00 mL盐酸羟胺,摇匀。再加入2.00 mL phen、5 mL NaAc溶液,摇匀。用水稀释至刻度,摇匀后放置10 min。用1 cm比色皿,以试剂空白为参比溶液,在所选择的波长下,测量各溶液的吸光度。以含铁量为横坐标,吸光度A为纵坐标,绘制标准曲线。

②试样中铁含量的测定。准确吸取适量待测试液于50 mL容量瓶中,按照标液的显色反应条件,配制试样溶液的显色液,测量其吸光度。从标准曲线上查出和计算试液中铁的含量(单位为μg/mL)。

3. 提纯后$CuSO_4$中铜含量的测定

(1)$Na_2S_2O_3$的标定

在分析天平上准确称取约0.89 g KIO_3基准试剂(准确至0.0001 g)于烧杯中,加水溶解后定量转入250 mL容量瓶中,加水稀释至刻度,充分摇匀。计算其浓度。用移液管吸取25.00 mL KIO_3标准溶液于250 mL锥形瓶中,加入20 mL 100 g/L KI溶液,5 mL 1 mol/L H_2SO_4,加水稀释至约200 mL,立即用待标定的$Na_2S_2O_3$滴定至浅黄色,加入5 mL淀粉溶液,继续滴定至蓝色消失即为终点。平行测定3 ~ 4次,计算$Na_2S_2O_3$浓度。

(2)铜含量的测定。准确称取提纯并干燥的硫酸铜试样2~3 g(准确至0.0001 g)于烧杯中,加30 mL 1 mol/L H_2SO_4,溶解后定量转入250 mL容量瓶中,加水稀释至刻度,充分摇匀。用移液管吸取25.00 mL上述硫酸铜溶液置于250 mL锥形瓶中,加入20 mL H_2O,加10 mL KI溶液,用步骤(1)中浓度已被准确标定的$Na_2S_2O_3$标液滴定至浅黄色。再加入3 mL 5 g/L淀粉指示剂,滴定至浅蓝色,最后加入5 mL NH_4SCN溶液,继续滴定至米色。根据滴定时所消耗的$Na_2S_2O_3$标液的体积计算Cu的含量。

注意事项:

(1)沉淀Fe^{2+}时,溶液pH的调节很重要,既要保证Fe^{3+}沉淀完全,又不能使Cu^{2+}生成沉淀。

(2)光度法测定微量铁时,注意适宜显色反应条件的控制。

(3)淀粉指示剂的加入不能太早,因滴定反应中产生大量CuI沉淀,若淀粉与I_2过早形成蓝色络合物,大量I_2被CuI沉淀吸附,终点呈较深的灰色,不好观察。

(4)加入NH_4SCN不能过早,而且加入后要剧烈摇动,有利于沉淀的转化和释放出吸附的I_2。

六、实验思考

1.粗硫酸铜中的杂质Fe^{2+}为什么要氧化成Fe^{3+}后再除去？

2.$KMnO_4$、$K_2Cr_2O_7$和H_2O_2均能将Fe^{2+}氧化为Fe^{3+}，为何选择H_2O_2？

3.蒸发结晶硫酸铜时，为什么要先加稀H_2SO_4溶液调节pH至1~2，然后再加热蒸发？

4.$Na_2S_2O_3$标液为何用间接法配制？可用$K_2Cr_2O_7$基准物质标定$Na_2S_2O_3$吗？原理是什么？

5.碘量法测定铜为什么要在弱酸性介质中进行？

6.碘量法测定铜时，为什么常要加人NH_4HF_2？为什么临近终点时加入NH_4SCN（或KSCN）？

7.已知$E^{\theta}_{Cu^{2+}/Cu}=0.159\ V$，$E^{\theta}_{I_2/I^-}=0.545\ V$，为何本实验中$Cu^{2+}$却能将$I^-$离子氧化为$I_2$？

七、参考文献

王平，李莉，隋丽丽，翟明翚．分析化学实验[M]．哈尔滨：哈尔滨工程大学出版社，2012.

八、延伸阅读

硫酸铜的用途

硫酸铜是较重要的铜盐之一，在电镀、印染、颜料、农药等方面有广泛应用。无机农药波尔多液就是硫酸铜和石灰乳混合液，它是一种良好的杀菌剂，可用来防治多种作物的病害。1878年在法国波尔多城，田里的葡萄树因发生虫病而大部分死去，而大路两边的树干上涂了生石灰与硫酸铜的混合溶液，树干弄得花白，行人看了难受而不敢摘吃，这些树却没有死。进一步研究才知，此混合液具有杀菌能力，因而被命名为波尔多液。配制波尔多液，硫酸铜和生石灰（最好是块状新鲜石灰）的比例一般是1∶1或1∶2不等，水的用量亦根据不同作物、不同病害以及季节气温等因素来决定。配制时最好用“两液法”，即先将硫酸铜和生石灰分别跟所需半量水混合，然后同时倾入另一容器中，不断搅拌，便得到天蓝色的胶状液。波尔多液要现配现用，因放置过久，胶状粒子会逐渐变大下沉而降低药效。硫酸铜也常用来制备其他铜的化合物和电解精炼铜时的电解液。无水硫酸铜可由氧化铜与硫酸或铜与浓硫酸作用后，浓缩结晶而制得。在实验室中可用浓硫酸氧化金属铜来制取无水硫酸铜。在生物方面，双缩脲试剂由0.1 g/mL氢氧化钠或氢氧化钾、0.01 g/mL硫酸铜和酒石酸钾钠配制，遇到蛋白质显紫色。斐林试剂由质量分数为0.05 g/mL的硫酸铜水溶液和斐林试剂A液反应生成。

实验 20

酸碱指示剂甲基橙的合成

一、实验目的

1. 掌握重氮化反应的实验条件。
2. 掌握重结晶的操作技能。
3. 掌握实验室合成甲基橙的方法。

二、预习要求

1. 预习重氮化反应。
2. 复习重结晶的操作技能。
3. 预习实验室合成甲基橙的方法。

三、实验原理

甲基橙常由对氨基苯磺酸经重氮化后与N,N-二甲基苯胺偶合而成,常在低温条件下进行。其合成方法为:将对氨基苯磺酸加入到氢氧化钠溶液中,温热使其溶解,再在酸性条件下制成重氮盐。然后在乙酸介质中与N,N-二甲基苯胺偶合,最后在碱性条件下制成钠盐。经重结晶得纯净的甲基橙。反应式如图20-1:

$$H_2N-C_6H_4-SO_3H + NaOH \longrightarrow H_2N-C_6H_4-SO_3Na + H_2O$$

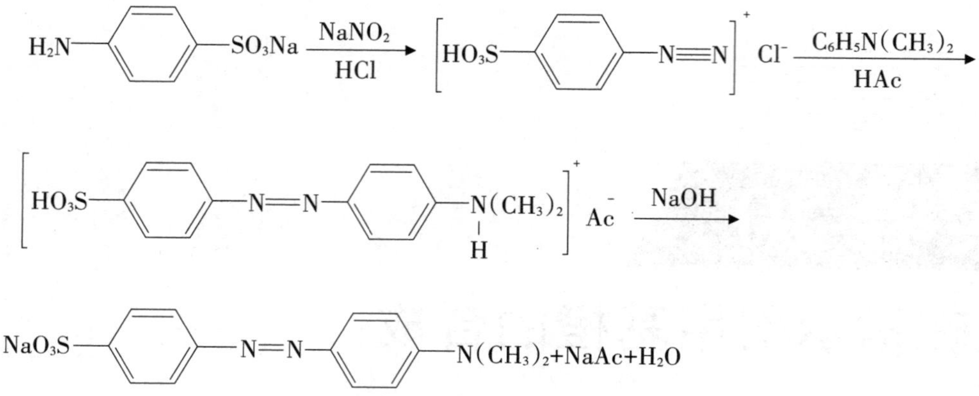

$$H_2N-C_6H_4-SO_3Na \xrightarrow[HCl]{NaNO_2} [HO_3S-C_6H_4-N\equiv N]^+ Cl^- \xrightarrow[HAc]{C_6H_5N(CH_3)_2}$$

$$[HO_3S-C_6H_4-N=N-C_6H_4-\underset{H}{\underset{|}{N}}(CH_3)_2]^+ Ac^- \xrightarrow{NaOH}$$

$$NaO_3S-C_6H_4-N=N-C_6H_4-N(CH_3)_2+NaAc+H_2O$$

图20-1 甲基橙合成原理图

四、实验用品

器材：三颈烧瓶，分液漏斗，回流冷凝管，磁力搅拌器，循环水泵，双光束分光光度计，淀粉-碘化钾试纸。

试剂：对氨基苯磺酸钠，亚硝酸钠，N，N-二甲基苯胺，氢氧化钠，浓盐酸，冰醋酸，乙醇，均为分析纯。

五、实验内容

1.重氮盐的制备

将2.1 g对氨基苯磺酸及10 mL 5%氢氧化钠溶液加入100 mL烧杯中，温热使之溶解。另取一小烧杯，将0.8 g亚硝酸钠溶解于6 mL水中。将该亚硝酸钠溶液加入已冷却的对氨基苯磺酸溶液中，用冰盐浴将其冷却至0~5 °C。

将3 mL浓硫酸（或浓盐酸）用10 mL水稀释，不断搅拌下缓慢滴加到上述冷却的混合液中，保持温度在5 °C以下。加完后，用淀粉-碘化钾试纸检查显蓝色即可（实际上酸可不加完，因为后面会用氢氧化钠中和，多余反而麻烦）。若不显蓝色，再补加亚硝酸钠溶液。然后在冰盐浴中放置15 min，以保证反应完全。

2.偶合反应

在一试管内，将1.2 g N，N-二甲基苯胺溶解于1 mL冰醋酸中。在不断搅拌下，将其缓慢加到上述重氮盐溶液中。加完后，继续搅拌10 min，再缓慢加入5%的氢氧化钠溶液（约

25 mL)，直到反应液变成橙色。粗制的甲基橙呈细粒状沉淀析出。将反应物在沸水浴上加热5 min，冷却至室温后，再在冰水浴中冷却，使甲基橙晶体析出完全。抽滤收集结晶，依次用少量水、乙醇、乙醚洗涤，凉干。

若要得到较纯的产品，可用溶有少量氢氧化钠(0.1~0.2 g)的沸水(每克粗产品约需25 mL)进行重结晶。待结晶析出完全后，抽滤，沉淀用少量乙醇洗涤，得到橙色的小叶片状甲基橙结晶，称重，计算收率。

溶解少许甲基橙于水中，加几滴稀盐酸溶液，接着用稀氢氧化钠溶液中和，观察颜色变化。

注意事项：

(1)常规低温法制备重氮盐，用淀粉-碘化钾试纸检查时，若不显蓝色，则需补加亚硝酸钠溶液。

(2)若反应物中含有未作用的N，N-二甲基苯胺磺酸盐，加入氢氧化钠后，就会有难溶于水的N，N-二甲基苯胺析出，影响产物的纯度。

(3)湿的甲基橙在空气中受光照射后，颜色很快变深，所以一般得到紫红色粗产物。

(4)重结晶操作应迅速，温度高时产物易变质，颜色变深。用乙醇、乙醚洗涤的目的是使其迅速干燥。

六、实验思考

1. 在本实验中，制备重氮盐时为什么要把对氨基苯磺酸变成钠盐？
2. 为何对氨基苯磺酸重氮化时要调节pH？
3. 如何控制反应条件保证对氨基苯磺酸的重氮化完全？
4. 如何检测$NaNO_2$是否过量？
5. 对氨基苯磺酸重氮化及其与N，N-二甲基苯胺偶联，为何要控制不同pH？
6. 加料顺序对反应有影响吗？所有原料可以同时加入吗？

七、参考文献

李红英，全晓塞.分析化学实验[M].北京：化学工业出版社，2018.

八、延伸阅读

酸碱指示剂的发现

最早发现酸碱指示剂的是英国著名化学家——罗伯特·波义耳，他在一次实验中不小心将浓盐酸溅到一束紫罗兰上，为了清洗花瓣上的酸，他将花浸泡在水中。经过一段时间后，波义耳惊奇地发现紫罗兰变成了红色，于是，他请助手将紫罗兰花瓣分成小片投放到其他的酸溶液中，结果发现花瓣均变成了红色。之后，他又将其他花瓣用作实验，并制成了花瓣的水或酒精浸取液，用它们来检验未知的物质是否为酸，同时发现用花瓣检验一些碱溶液时也会发生变色现象。此后，波义耳从草药、牵牛花、苔藓、月季花、树皮等植物的根中提取汁液，并用它们制成了试纸，波义耳用这些试纸对酸性溶液和碱性溶液进行多次试验，终于发明了我们现在使用的酸碱指示剂。

实验 21

甲基橙 pH 变色域的确定

一、实验目的

1. 掌握酸碱指示剂 pH 变色域的测定方法。

2. 通过对指示剂在整个变色区域内颜色变化过程的观察，使学生掌握酸碱滴定实验中如何准确判断终点颜色。

3. 了解常用缓冲溶液的制备方法。

二、预习要求

1. 预习酸碱指示剂 pH 变色域的测定方法。

2. 预习常用缓冲溶液的制备方法。

三、实验原理

计量点时，滴定反应物的浓度发生突变，使指示剂从一种构型转化为另一种构型，由于两种构型的颜色明显不同而使溶液颜色发生突变，以指示滴定反应的计量点。

$$H^+ + In^- \rightleftharpoons HIn$$

上式中：In^-和 HIn 分别表示酸碱指示剂的碱式构型和酸式构型。该指示反应的平衡常数为：

$$K_{HIn} = \frac{[HIn]}{[H^+][In^-]}$$

随着滴定的进行，溶液中H^+浓度的改变引起$\frac{[HIn]}{[In^-]}$改变，溶液的颜色也随之发生变化。

当$\frac{[HIn]}{[In^-]}>10$,即溶液主要呈现指示剂的酸式构型的颜色;

当$\frac{[HIn]}{[In^-]}<\frac{1}{10}$,$pH>\lg K_{HIn}$,即溶液主要呈现指示剂的碱式构型的颜色;

当$\frac{1}{10}\leqslant\frac{[HIn]}{[In^-]}\leqslant 10$,即$\lg K_{HIn}\leqslant pH\leqslant \lg K_{HIn}$,溶液呈现两种构型的复合色;

当$\frac{[HIn]}{[In^-]}$由10变化到$\frac{1}{10}$,对应的pH由$\lg K_{HIn}-1$变化到$\lg K_{HIn}+1$时,才能明显地观察到指示剂由其结合型颜色变为自由型颜色,反之亦然。

酸碱指示剂的pH变色域是指其颜色因溶液pH的改变而引起明显变化的pH范围。pH变色域内指示剂颜色是逐渐变化的,呈酸式构型和碱式构型的混合色。pH变色域两端变色点,其一呈酸碱指示剂的酸式色,另一变色点呈现酸碱指示剂的碱式色。在酸碱滴定中,我们目视的终点通常是变色域的一个端点或中间点。pH变色域可通过实验方法测定。

四、实验用品

试剂: 0.2 mol/L邻苯二甲酸氢钾(简写为KHP)溶液,0.1 mol/L NaOH溶液;0.1 mol/L HC1溶液;0.1% 甲基橙水溶液。

器材: 比色管(25 mL,6支),吸量管(5mL,4支;1mL,4支),分光光度计(722型,配2只10 mm吸收池),pHS−3C型酸度计。

五、实验内容

甲基橙pH变色域的测定方法如下:按表21-1的用量,在6支比色管中加入HCl和KHP或NaOH和KHP,配成pH = 2.8 ~ 4.6的一系列缓冲溶液,然后各加入0.10 mL甲基橙溶液,用水稀释至25 mL标线,摇匀。进行目视比色,确定两端变色点和中间变色点。参考值为:pH =3.1(红)~4.4(黄)。

表21-1　pH为2.8~4.6的缓冲溶液配制方案

pH 加入量/mL 物质	2.8	3.0	3.2	3.6	3.8	4.0	4.2	4.4	4.6
HCl	7.23	5.58	3.93	1.60	0.73	0.02			
NaOH							0.75	1.65	2.78
KHP	6.25	6.25	6.25	6.25	6.25	6.25	6.25	6.25	6.25

注意事项：

（1）表21-1中所用HCl和NaOH的体积是按照0.1 mol/L计算而得。如果HCl溶液和NaOH溶液的准确浓度不是0.1 mol/L，也可根据标定所得的实际浓度进行换算。比如HCl实测浓度为0.09580 mol/L，故pH = 2.8时，应加的HC1体积为7.55 mL，而不是7.23 mL。如此类推。

（2）邻苯二甲酸氢钾溶液、HCl溶液或NaOH溶液需要准确加入。若在两个点之间有颜色变化，则需在两个点之间加一个点。比如pH = 3.0时，溶液为红色；而pH = 3.2时，溶液为橙色。故需加pH = 3.1这个点。

六、实验思考

1. 实验中为什么要用不含CO_2的水？

2. 酸碱指示剂的变色原理是什么？

七、参考文献

李红英，全晓塞. 分析化学实验[M]. 北京：化学工业出版社，2018.

八、延伸阅读

生活中的酸碱指示剂

在今天的化学科学研究中最常见的酸碱指示剂有甲基橙、酚酞、石蕊等，它们遇酸、碱变色的原理基本相同。例如：酚酞在酸性和中性溶液中为无色，在碱性溶液中为紫红色，在极强酸性溶液中为黄色或其他颜色（与酸种类有关），在极强碱性溶液中为无色。这些颜色的变化与酚酞在不同酸碱性环境中结构的变化密切相关。

在我们的日常生活中所见到的某些植物中含有丰富的花青素和其他有机酸碱，当环境pH改变时，有机酸碱的结构改变，致使其颜色发生变化，因而可以作为酸碱指示剂。其中一种我们常见的蔬菜——紫甘蓝所含的花青素非常丰富，可以用来自制酸碱指示剂。花青素，又称花色素，是自然界中一类广泛存在于植物中的水溶性天然色素，是花色苷水解而得到的。在植物细胞液泡不同的pH条件下，花青素使花瓣呈现五彩缤纷的颜色。当我们将紫甘蓝的叶片捣碎、用蒸馏水浸取时可得到呈蓝紫色的浸取液，将浸取液分别加入生活中常见的物质中就会显示出不同的颜色。例如，将其滴到白醋中，无色的白醋就迅速变为红色，滴入肥皂水中则迅速变为绿色，滴入碱面水中则变为天蓝色。一般而言，花青素遇酸偏红色，遇碱偏蓝色或浅绿色。由此，我们可以利用花青素的变色原理来检验生活中常见物质水溶液的酸碱性。

实验 22

光度法测定甲基橙的离解常数

一、实验目的

1. 进一步掌握光度法的测定原理及分光光度计的操作。
2. 掌握光度法测定甲基橙离解常数的原理和方法。
3. 了解光度法在研究离解平衡中的应用。

二、预习要求

1. 预习光度法的测定原理及分光光度计的操作。
2. 复习甲基橙离解常数的测定原理和方法。

三、实验原理

甲基橙的酸式和碱式构型具有不同的吸收光谱，甲基橙溶液的颜色取决于其酸式和碱式构型浓度的比值，选择两者具有最大吸收差值的波长（520 nm）进行测定。

甲基橙在 $pH > 4.4$ 呈黄色，$pH < 3.1$ 呈红色。甲基橙在溶液中的离解平衡可表示为：

$$HIn + H_2O \rightleftharpoons H_3O^+ + In^-$$

式中：In^- 和 HIn 分别表示甲基橙的碱式构型和酸式构型，其颜色分别为黄色和红色。该反应的平衡常数为：

$$K_{a,\ HIn} = \frac{[H_3O^+][In^-]}{[HIn]}$$

实验时，配制 pH 不同但浓度相同的三种甲基橙溶液，即 $pH < 3.1$，$pH = 3.1 \sim 4.4$ 和 $pH >$

4.4的三种溶液。在pH > 4.4的溶液中，甲基橙主要以其碱式构型In^-存在，设在波长520 nm处其吸光度为A_1。在pH < 3.1的溶液中，甲基橙主要以其酸式构型HIn存在，设在波长520 nm处的吸光度为A_2。在已精确测知pH(在pH = 3.1 ~ 4.4之间)的缓冲溶液中，甲基橙以HIn和In^-形式共存，设在波长520 nm处的吸光度为A_3。缓冲溶液中氢离子浓度为$[H^+]$，以HIn形式存在的百分比为δ。以In^-形式存在的百分比为$1-\delta$。则有下列表达式：

$$A_3 = \delta A_2 + (1-\delta)A_1$$

解上式有$\delta = \dfrac{A_3 - A_1}{A_2 - A_1}$，$1-\delta = \dfrac{A_2 - A_3}{A_2 - A_1}$

代入式$K_{a,HIn} = \dfrac{[H_3O^+](1-\delta)}{\delta}$中，则有

$$K_{a,HIn} = \frac{[H_3O^+](A_2 - A_3)}{A_3 - A_1}$$

以纯水作参比，测定出A_1、A_2和A_3，由上式可计算出$K_{a,HIn}$。在测量时，如以碱式构型In^-的溶液作参比溶液，则$A_1 = 0$，则有：

$$K_{a,HIn} = \frac{[H_3O^+](A_2 - A_3)}{A_3}$$

四、实验用品

器材：吸量管(1 mL、5 mL、10 mL)，比色管(25 mL)，分光光度计(722型)。

试剂：盐酸(0.1 mol/L)；甲基橙(钠盐)溶液(0.000125 mol/L)；HAc−NaAc标准缓冲溶液(pH =4.003)。

五、实验内容

取三支比色管，按下列方法配制溶液：

①10.00 mL甲基橙水溶液；

②10.00 mL甲基橙水溶液和1.00 mL盐酸溶液；

③10.00 mL甲基橙水溶液和10.00 mL pH≈4标准缓冲溶液。

将以上各溶液用水稀释到刻度，摇匀。以比色管①中的溶液为参比溶液，用1 cm比色皿，在波长520 nm处测量上述各溶液的吸光度，分别测得A_2、A_3，计算$K_{a,HIn}$。

注意事项：

(1)测试前，分光光度计和酸度计需预热并调试好。

(2)甲基橙的pH变色范围在3.1~4.4之间,故配制标准溶液时需控制pH为3.6~4.0,以减小测定误差。

(3)要准确配制pH≈4标准缓冲溶液,其准确与否直接影响测定结果。

六、实验思考

1.改变甲基橙浓度对测定结果有何影响?

2.温度对测定离解常数有影响吗?

3.改变缓冲溶液的总浓度对测定结果有影响吗?

七、参考文献

李红英,全晓塞.分析化学实验[M].北京:化学工业出版社,2018.

八、延伸阅读

常见酸碱指示剂

各种不同的酸碱指示剂,具有不同的变色范围。有的在酸性溶液中变色,如甲基橙、甲基红等;有的在中性附近变色,如中性红、苯酚红等;有的则在碱性溶液中变色,如酚酞、百里酚酞等。

表22-1 几种常用酸碱指示剂

指示剂	变色范围pH	颜色变化 酸式—碱式	pK_{HIn}	浓度	用量 滴/10mL
百里酚蓝	1.2~2.8	红—黄	1.7	0.1%的20%乙醇溶液	1~2
甲基黄	2.9~4.0	红—黄	3.3	0.1%的90%乙醇溶液	1
甲基橙	3.1~4.4	红—黄	3.4	0.05%的水溶液	1
溴酚蓝	3.0~4.6	黄—紫	4.1	0.1%的20%乙醇或其钠盐水溶液	1
甲基红	4.4~6.2	红—黄	5.0	0.1%的60%乙醇或其钠盐水溶液	1
中性红	6.8~8.0	红—黄橙	7.4	0.1%的60%乙醇溶液	1
酚酞	8.0~10.0	无—红	9.1	0.5%的90%乙醇溶液	1~3

实验23

高效液相色谱法测定废水中苯、甲苯和萘

一、实验目的

1. 巩固高效液相色谱法相关理论。
2. 学习掌握安捷伦1260型高效液相色谱仪的操作方法。
3. 掌握液相色谱的定性分析方法及内标法定量的原理。
4. 了解各种色谱参数的意义和计算方法。

二、预习要求

1. 复习理论教材中高效液相色谱法相关内容。
2. 复习高效液相色谱仪各个组成部件及原理。
3. 复习安捷伦1260型高效液相色谱仪的操作步骤。

三、实验原理

色谱法(chromatography)是分析科学的重要分支，在分析化学领域中是重要的分离方法之一，常用于混合物中目标组分的分离、富集与检测。色谱法的主要分离机理：根据目标组分在固定相和流动相中的保留能力不同，导致目标组分从色谱柱中流出速度有差异，从而实现不同组分的分离与检测。色谱法与传统的萃取法和精馏法相比，具有分离效率高、分析速度快和选择性好的优点，更适合于难分离组分的快速分离；与化学分析方法相比，不受待分离组分化学性质的限定，可以用于化学性质相似的结构类似物和异构体的分离分析，尤其是能实现多组分的同时分析测定，这是传统的化学分析方法难以实现的目标。与光谱法和质

谱法相比,色谱法能够实现多组分的同时分离分析。

色谱法起源于俄国化学家 Tswett 所开展的植物色素分离实验,但是由于当时 Tswett 在色谱法领域的相关发现发表在不太知名的期刊上,并未引起人们的注意。20 世纪 30 年代,德国生物化学家 Kuhn 将 Tswett 所发明的方法用于胡萝卜素的分离研究并获得 1938 年诺贝尔化学奖,由此色谱法得到了科学界的普遍关注。1952 年, Martin 和 Synge 成功地研究出了气-液色谱法,并将蒸馏塔板理论应用到色谱分离领域,进一步推动了色谱法的应用和发展,色谱法在分离有机化合物的应用中变得较为普遍。由于 Martin 和 Synge 在色谱技术领域的突出贡献,两位科学家获得 1952 年诺贝尔化学奖。荷兰学者 Van Deemter 等人吸收塔板理论中的一些概念,并进一步把色谱分配过程与分子扩散和气液两相中的传质过程联系起来,建立了色谱过程的动力学理论,即速率理论,进一步推动了色谱理论的发展。经过人们不断的研究和改进, 20 世纪 50 年代,世界上第一台气相色谱仪诞生; 1960 年,世界上第一台高效液相色谱仪诞生。1975 年,美国戴安公司的 H. Small 等人首先提出了离子色谱的概念,并于同年研制出世界上第一台离子色谱仪。这些里程碑式的工作使得色谱技术得到了迅速的发展,色谱技术的应用范围也变得越来越广泛。在国内,在卢佩章院士等前辈的努力下,我国的色谱技术也得到了全面快速的发展。

高效液相色谱法定性依据:保留时间定性、峰高增量法定性、与其他方法联用。

高效液相色谱法定量分析参数:峰高、峰面积、相对峰高、相对峰面积等。

高效液相色谱法定量分析方法:

(1)外标法:标准曲线法。

(2)内标法:只测定试样中某几个组分,或者试样中所有组分不能全部出峰时使用。

(3)归一化法:将试样中所有组分的含量之和按100%计算(所有组分都要出峰)。

四、实验用品

器材:安捷伦 1260 型液相色谱仪,溶剂过滤装置,超声波清洗器,针筒式过滤器,pH 计。

试剂:苯(分析标准品),甲苯(分析标准品),萘(分析标准品),甲醇(色谱纯),乙腈(色谱纯),三乙胺(色谱纯),蒸馏水。

五、实验内容

1. 实验步骤

(1)打开计算机。

(2)打开安捷伦 1260 型液相色谱仪各个模块电源开关。

(3)打开在线色谱工作站。

(4)启动高压输液泵。

(5)打开“purge”阀,以1.5 mL/min的流速对所使用的所有流路的流动相排气5 min;调节流速为“0”,关闭“purge”阀。

(6)逐渐调节流动相比例和流速至规定值。

(7)单击“视图”菜单,勾选“在线信号”;在“在线信号”窗口中单击“改变”,勾选需要记录的信号。

(8)打开检测器光源,设定波长。

(9)基线平稳后,单击“在线信号”窗口中的“平衡”调零。

(10)单击“运行控制”,在“样品信息”窗口中编辑样品信息。

(11)将六通阀转到“load”档位,以微量进样器注射定量环体积2~3倍的待测样品溶液;快速转动六通阀至“inject”档位,等待分析结束。

(12)样品所有组分都出峰后,等待3 min,点击“运行控制”菜单下“停止运行”按钮,单次分析结束;等待单次分析报告弹出后,记录相关数据。

(13)实验结束后,清洗六通阀、微量进样器;按说明书对色谱柱进行冲洗,关闭在线工作站,关闭仪器各个模块电源,关闭计算机,填写仪器运行记录。

2.数据处理

(1)用内标法计算样品中苯、甲苯和萘的含量。

(2)从色谱工作站中导出相关数据,用origin绘制样品的色谱图,并在色谱图上标注各个色谱峰的归属。

(3)计算以甲苯为参数的色谱柱理论塔板数。

(4)计算相邻色谱峰的分离度。

六、实验思考

1.苯、甲苯、萘在本实验中的流出顺序是怎样?为什么?

2.外标法和内标定量分析各有什么优缺点?

3.计算相邻色谱峰的分离度。

七、参考文献

袁若,彭秧,彭敬东,等.理化测试(I)[M].北京:科学出版社,2013.

八、延伸阅读

挥发性有机气体的危害

苯系物对区域特别是城市大气环境具有严重的负面影响。由于多数苯系物（如苯、甲苯等）具有较强的挥发性，在常温条件下很容易挥发到气体当中形成挥发性有机物（volatile organic compounds，VOCs）气体，会造成VOCs气体污染。比如BTEX作为工业上经常使用的有机溶剂，被广泛应用于油漆、脱脂、干洗、印刷、纺织、合成橡胶等行业。在BTEX的生产物、储运和使用过程中均会由于挥发而造成大气污染。BTEX在大气中的光化学反应活性较高，对大气中光氧化剂（如臭氧和过氧乙酰基硝酸酯等）和二次有机气溶胶的形成有相当大的作用。

在废水的污染中，苯系物废水对人类危害也很大。含苯系物的焦化废水的主要来源：煤高温裂解制煤气，冷却产生的剩余氨水废液；煤气净化过程中煤气终冷器和粗苯分离槽的排水、精苯及其他石油化学工艺过程的排水，这些废水水质成分复杂多变，且含有许多难以降解的芳香族有机物、杂环及多环化合物，处理较为困难。 更重要的是，许多苯系物对生物体具有毒性，对人类健康产生直接危害。经研究，BTEX具有神经毒性（引起神经衰弱、头痛、失眠、眩晕、下肢疲惫等症状）和遗传毒性（破坏DNA），长期接触可以导致人体患上贫血症和白血病。世界卫生组织2002年公布，空气中苯的浓度为7 $\mu g/m^3$、1.7 $\mu g/m^3$、0.17 $\mu g/m^3$时，人一生患白血病的单位额外危险估计值，分别为100×10^{-6}、10×10^{-6}、1×10^{-6}。

其他苯系物也具有生物毒性，比如，1996年世界卫生组织的国际癌症研究小组对苯乙烯进行研究后得出结论，苯乙烯有致癌作用。呼吸苯乙烯气体会使人产生淋巴瘤、造血系统瘤和非瘤疾病，尤其是中枢神经系统的疾病，后者具有潜伏性。流行病学调查结果显示，苯乙烯可能存在严重的生殖危害，随着呼吸苯乙烯气体时间的持续和剂量的积累，危险性更大。

另外，许多苯系物具有刺激性气味，相当一部分物质，例如苯乙烯能产生使人很不愉快但很难说是臭味的味道，降低了人们生活环境的质量。需要说明的是，化学上的恶臭是指一切刺激嗅觉器官而引起人们不愉快及损坏生活环境的气体物质。而苯系物挥发性有机气体与恶臭气体在危害与控制等方面具有许多相似之处。

除了对人类健康产生直接的影响外，许多苯系物还能够引起城市的光化学烟雾，产生二次污染，对人类健康产生更大的危害。苯系物的污染范围不仅仅局限在一个城市或国家内，随着它的扩散与迁移，甚至可能引起大规模区域环境问题，因此苯系物的污染具有跨国性。

实验24

高效液相色谱法测定牛奶中的四环素

一、实验目的

1. 巩固安捷伦1260型液相色谱仪的操作方法。
2. 掌握高效液相色谱法样品前处理的一般方法。
3. 掌握高效液相色谱法外标法定量分析的方法。

二、预习要求

1. 了解高效液相色谱法常用的样品前处理方法。
2. 了解牛奶样品处理方法。
3. 掌握外标法定量分析原理。

三、实验原理

样品前处理技术可以很好地去除基质效应、实现分析目标物的富集以保障分析结果的准确性，因此，样品前处理技术对于痕量组分的分析测定尤为重要。固相萃取(solid phase extraction，SPE)技术是高效液相色谱领域极其重要的样品前处理技术(图24-1)。固相萃取技术是一种基于液相色谱理论发展起来的分离、纯化技术。1978年，Waters公司推出了世界上第一款硅胶键合相固相萃取小柱。近年来，固相萃取技术已经发展成为液相色谱领域最常使用的样品前处理手段之一。固相萃取技术具有可以同时完成样品的富集与纯化、可以较大地提高分析方法的检测灵敏度的特点。与传统的液液萃取法相比，固相萃取法具有速度更快、节省溶剂和容易仪器化的特点。由于固相萃取技术的上述优点，固相萃取技术已经广泛地应用于医药卫生、化工分析、食品安全与环境分析等领域。

四环素类抗生素被广泛应用于食用动物和海洋生物的养殖。由于四环素对革兰氏阳性菌、阴性菌、立克次体、病毒、螺旋体属乃至原虫类都有很好的抑制作用，具有广谱抗菌的效果，四环素常常被添加到饲料中，以促进动物的生长和防治消化系统感染。当此类药物被用于奶牛饲料中，其会在奶牛体内和牛奶中蓄积，并残留于牛奶中。四环素类抗生素最明显的残留毒性是诱导耐药菌株的产生，因此许多国家都对牛奶及其奶制品中四环素类抗生素残留做了限制性规定。目前，牛奶中四环素类抗生素检测的主要方法有：高效液相色谱法、微生物法、高效液相色谱-串联质谱法等。

本实验中，以0.1 mol/L Na_2EDTA-Mcllvaine缓冲溶液提取牛奶中的四环素类抗生素，用Oasis HLB固相萃取小柱净化，液相色谱仪测定，外标法定量分析。

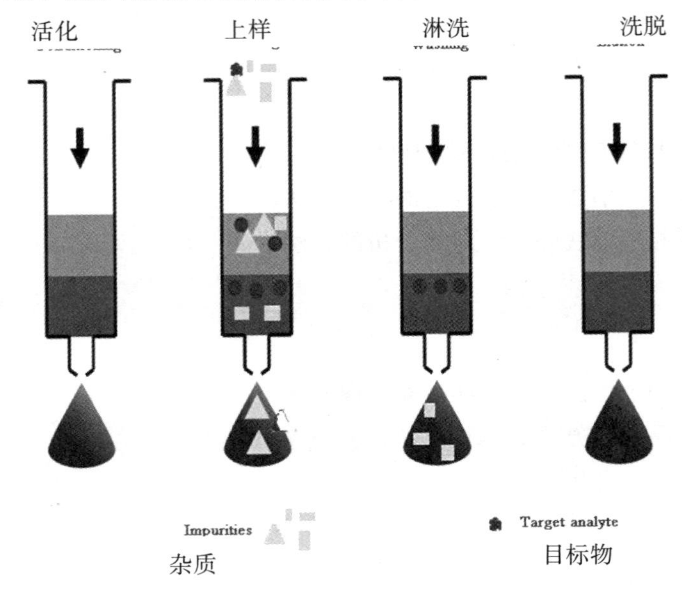

图24-1 固相萃取步骤示意图

四、实验用品

器材：安捷伦1260型液相色谱仪，溶剂过滤装置，超声波清洗器，针筒式过滤器，pH计，分析天平，涡旋振荡器，冷冻离心机，固相萃取装置，氮吹仪，真空泵，Oasis HLB固相萃取小柱，羧酸型阳离子交换固相萃取小柱。

试剂：四环素（分析标准品），甲醇（色谱纯），乙腈（色谱纯），草酸，0.1 mol/L Na_2EDTA-Mcllvaine缓冲溶液，0.01 mol/L 草酸-乙腈溶液（1∶1，*V*/*V*）蒸馏水，牛奶样品。

五、实验内容

1.样品中四环素的提取

称取10 g（精确到0.01 g）牛奶样品，置于50 mL具塞塑料离心管中，加入20 mL 0.1 mol/L Na_2EDTA-Mcllvaine缓冲溶液，于涡旋振荡器上混合2 min，于10 ℃，5000 r/min离心10 min，上清液过滤至另一离心管中。再于残渣中加入20 mL缓冲溶液重复提取一次，合并上清液。

2.上清液的净化

Oasis HLB固相萃取小柱的预处理：使用前分别以5 mL甲醇和10 mL水预处理，保持固相萃取小柱润湿。

羧酸型阳离子交换固相萃取小柱的预处理：使用前以5 mL甲醇预处理，保持固相萃取小柱润湿。

将上清液通过预处理好的Oasis HLB固相萃取小柱，待上清液全部流出后，用5 mL甲醇水溶液（甲醇/水 = 5/95，*V*/*V*）淋洗，弃去全部流出液。减压抽干5 min，再用5 mL甲醇洗脱，收集洗脱液至样品管中。

将上一步收集到的洗脱液通过预处理好的羧酸型阳离子交换固相萃取小柱，待流出液全部流出后，以5 mL甲醇淋洗，弃去全部淋洗液，减压抽干，以4 mL 0.01 mol/L草酸-乙腈溶液洗脱，收集洗脱液于10 mL样品管中，在45 ℃氮吹至残余1.5 mL左右，定容至2 mL，待高效液相色谱法测定。

3.高效液相色谱法测定

（1）参考色谱条件：Agilent EC C_{18}（4.6 mm×150 mm，4 μm）色谱柱；流动相：乙腈/甲醇/0.01 mol/L草酸溶液（22/8/70，*V*/*V*/*V*）；柱温：30 ℃。

（2）绘制标准曲线：分别以四种四环素储备液配制一系列标准溶液；液相色谱测定，记录峰面积，以浓度和峰面积作图绘制标准曲线，计算相应的线性方程。

（3）牛奶样品的测定，计算样品中各种四环素残留含量。

（4）实验结束后，清洗六通阀、微量进样器；按说明书对色谱柱进行冲洗，关闭在线工作站，关闭仪器各个模块电源，关闭计算机，填写仪器运行记录。

六、实验思考

1. 为什么固相萃取小柱使用前需要预处理?

2. 计算本实验中四环素的富集倍数。

3. 两次固相萃取步骤的作用分别是什么?

七、参考文献

中华人民共和国国家检验检疫总局. GB/T 22990-2008 牛奶和奶粉中土霉素、四环素、金霉素、强力霉素残留量的测定液相色谱-紫外检测法[S]. 北京:中国标准出版社,2009.

八、延伸阅读

三聚氰胺

三聚氰胺(Melamine),俗称密胺、蛋白精,IUPAC命名为"1,3,5-三嗪-2,4,6-三胺",是一种三嗪类含氮杂环有机化合物,被用作化工原料。它是白色单斜晶体,几乎无味,微溶于水(3.1 g/L常温),可溶于甲醇、甲醛、乙酸、热乙二醇、甘油、吡啶等,不溶于丙酮、醚类,对身体有害,不可用于食品加工或食品添加物。2012年7月5日,联合国负责制定食品安全标准的国际食品法典委员会为牛奶中三聚氰胺含量设定了新标准,以后每千克液态牛奶中三聚氰胺含量不得超过0.15 mg。国际食品法典委员会认为,三聚氰胺含量新标准将有助于各国政府更好地保护消费者权益和健康。

实验25

咖啡因的提取纯化与红外光谱测定

一、实验目的

1.学习索氏提取器的提取原理及操作方法。

2.学习固液萃取及升华等实验操作。

3.学习掌握熔点的测定原理与方法。

4.学习红外光谱仪的原理及使用方法。

二、预习要求

1.熟悉咖啡因的性质。

2.了解咖啡因的各种合成、提取及纯化方法。

3.了解熔点仪、红外光谱仪等仪器的原理及使用方法。

三、实验原理

咖啡因是广泛存在于茶叶、咖啡豆、可可等物质中的一种生物碱。咖啡因是一种杂环化合物嘌呤的衍生物，化学名称为1,3,7-三甲基-2,6-二氧嘌呤，分子结构如图25-1。

图25-1 咖啡因分子结构

咖啡因通常为白色粉末或白色针状结晶，无气味，味苦，能刺激中枢神经，具有兴奋和利尿等作用，在我国属于精神类管制药品。咖啡因也是复方阿司匹林等多种药品及食品饮料的重要成分，例如茶叶、咖啡、某些巧克力等。咖啡因是弱碱性化台物，易溶于氯仿、水、乙醇及苯等溶剂。咖啡因在茶叶中含量较高，占茶叶干重的1%~5%，因此，本实验以茶叶为原料，根据其易溶于乙醇的性质，利用索氏(Soxhlet)提取器，通过乙醇连续萃取，然后蒸馏除去乙醇的方法，从而获得咖啡因初品。咖啡因一般含一分子的结晶水，加热到100 ℃时将失去结晶水并开始升华，120 ℃时显著升华，178 ℃时迅速升华。咖啡因初品中常含有其他生物碱杂质，利用咖啡因容易升华的特性，采用升华操作可以进一步分离提纯，从而获得纯净的咖啡因。

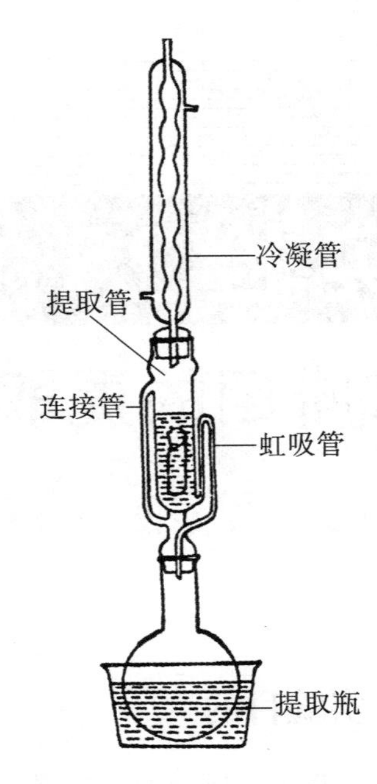

图25-2 索氏提取器装置

索氏提取器，又称脂肪抽取器，如图25-2所示，由提取瓶、提取管、冷凝管三部分组成的。提取管侧边分别有虹吸管和蒸气连接管，提取时，将固体样品磨细，以增加液体接触浸溶面积。磨细后的样品包入滤纸包内，放入提取管中。提取瓶内加入乙醇、石油醚等溶剂，加热提取瓶，溶剂气化，由连接管上升进入冷凝管，冷凝成液体滴入提取管内，浸溶提取样品中的可溶物质。当回流到提取管中的溶剂液面超过虹吸管最高处时，发生虹吸现象，浸提液流入提取瓶，流入到提取瓶内的浸提液继续被加热气化、上升、冷凝，滴入提取管内，循环往复，直到提取完全。索氏提取器利用虹吸原理，可以使固体样品被纯溶剂多次萃取，所以具有萃取效率高、溶剂用量少等优点。

无水咖啡因的熔点为234.5 ℃，可以通过测定熔点来鉴别咖啡因的纯度。咖啡因分子结构上具有羰基及嘌呤环上的共轭双键体系，所以可以用高效液相色谱法、紫外分光光度法及红外光谱法等多种方法进行定性、定量的鉴别分析。

四、实验用品

器材：电子天平，500 mL索氏提取器，球形冷凝管，250 mL圆底烧瓶，直形冷凝管，电加热套，蒸馏头，尾接管，250 mL磨口锥形瓶，玻璃漏斗，蒸发皿，减压升华器，水循环真空泵，熔点仪，红外光谱仪。

试剂：茶叶，95%乙醇，生石灰，棉花，去离子水。

五、实验内容

1.咖啡因的提取

称取茶叶末50 g,尽量压细,装入滤纸套筒,放入索氏提取器内,加入50 mL 95%乙醇。在圆底烧瓶内加入100 mL 95%乙醇、2~3粒沸石,根据图25-2,以铁架台固定安装好萃取装置。用电加热套加热回流,连续提取2~3 h,待冷凝液刚刚虹吸下去时,立即停止加热。然后改成蒸馏装置,蒸馏回收提取液中大部分乙醇,保留残留液约15 mL。

将残留液转移到蒸发皿中,拌入15 g左右的生石灰粉,搅拌均匀,放在恒温水浴锅上蒸干。然后将蒸发皿移到电加热套中,低于100 ℃焙炒片刻,除去全部水分。稍冷却后,擦去沾在蒸发皿边上的粉末,以免在升华时污染产物。将一张刺有许多小孔的大小合适的滤纸盖在蒸发皿上,取一只合适的干燥的玻璃漏斗,在漏斗颈部塞一小团棉花,罩在隔有滤纸的蒸发皿上。将蒸发皿放在电热套中,小心加热升华,当滤纸小孔中冒出白烟,漏斗壁上出现浅黄色油状物时,停止加热。待冷却后,小心揭开漏斗,取下滤纸,仔细地将附在滤纸上及漏斗壁上的咖啡因用小刀刮下,即得初产品,称重,计算茶叶中咖啡因的含量。

提取获得的咖啡因初产品可用少量热水重结晶提纯,或利用减压升华器进行多次减压升华提纯。减压升华时,将咖啡因初产品放入升华器圆底烧瓶内,放上指型真空冷凝管,利用水循环真空泵抽气减压。将圆底烧瓶放入电热套中缓慢加热升温,咖啡因升华并凝结在指型真空冷凝管上。升华完毕后,小心取下指型真空冷凝管,利用小刮刀刮下指型真空冷凝管上白色针状结晶,即为纯净的咖啡因。

2.熔点的测定

依据之前所学的熔点测定原理及方法,分别测定初产品和纯化后产品的熔点,将数据填入表25-1。

表25-1　不同产品的熔点数据

咖啡因	初熔温度/℃	全熔温度/℃	熔程/℃
初产品			
纯化产品			

通过熔点数据,比较说明两种咖啡因的纯度差异。

3.红外光谱测定

依据之前所学的红外光谱分析方法,将产物进行红外光谱测试分析,得到不同产品的IR谱图。比较分析初产品及纯产品的IR谱图,查找咖啡因的标准IR谱图,比较说明提取的咖啡因结构及纯度。

4. 高效液相色谱测定

依据之前所学的高效液相色谱分析方法，对本实验的茶叶提取液及咖啡因产品进行高效液相色谱分析。

绘制标准工作曲线。以标准咖啡因配制一系列标准溶液，分别进样，用峰面积或峰高对浓度做回归分析。得到回归方程，找出这一方法的线性范围。对本实验的茶叶的提取液，适当稀释后直接进样分析检测。对本实验得到的初产品及纯化后的咖啡因产品，配制合适浓度的溶液进样。按照标准工作曲线的回归方程计算茶叶中咖啡因含量。

六、实验思考

1. 从茶叶中提取咖啡因的时间长短主要决定于哪些因素？应在何时停止抽提？
2. 提取的咖啡因初产品常有绿色光泽，其原因是什么？
3. 实验中加入生石灰有什么作用？
4. 除本实验所用的乙醇外，还可以用哪些溶剂提取咖啡因？
5. 用升华法提纯固体有哪些优点和局限性？
6. 除红外光谱法外，还有哪些方法可以定性地鉴别咖啡因？

七、参考文献

[1] 叶彦春，黄学斌，支俊格. 有机化学实验（第3版）[M]. 北京：北京理工大学出版社，2018.

[2] 胡满成，汤发有. 大学综合化学实验[M]. 西安：陕西师范大学出版社，2009.

八、延伸阅读

咖啡因的来源

咖啡因是一种植物生物碱，在许多植物中都能发现。作为自然杀虫剂，它能使吞食含咖啡因植物的昆虫麻痹。人类最常使用的含咖啡因的植物包括咖啡、茶及一些可可。其他不经常使用的包括一般被用来制茶或能量饮料的巴拉圭冬青和瓜拿纳树。两个咖啡因的别名马黛因和瓜拿纳因子就是从这两种植物演化而来的。

世界上最主要的咖啡因来源是咖啡豆（咖啡树的种子），同时咖啡豆也是咖啡的原料。咖啡中的咖啡因含量极大程度上依赖于咖啡豆的品种和咖啡的制作方法，甚至同一棵树上的咖啡豆中的咖啡因含量都有很大的区别。一般来说，一杯咖啡中咖啡因的含量从阿拉伯浓缩咖啡中的40 mg到浓咖啡中的100 mg。深焙咖啡一般比浅焙咖啡的咖啡因含量少，因为烘焙能减少咖啡豆里的咖啡因含量。阿拉伯咖啡的咖啡因含量通常比中果咖啡低。咖啡也含有痕量的茶碱，但不含可可碱。

茶是咖啡因的另外一个重要来源，每杯茶的咖啡因含量一般只有每杯咖啡的一半，这通常决定于制茶的强度。特定品种的茶，例如红茶和乌龙茶，比其他茶的咖啡因含量高。茶含有少量的可可碱以及比咖啡因含量略高的茶碱。茶的制作对茶有很大的影响，但是茶的颜色几乎不能指示咖啡因的含量。日本绿茶的咖啡因含量就远远低于许多红茶，例如正山小种茶，几乎不含咖啡因。

由可可粉制的巧克力也含有少量的咖啡因。巧克力是一种很弱的兴奋剂，主要归因于其中含有的可可碱和茶碱。

咖啡因也是软饮料中的常见成分，例如可乐，最初就是由可乐果制得的。一瓶软饮料中一般含有10～50 mg的咖啡因。能量饮料，例如红牛，每瓶含有80 mg咖啡因。这些饮料中的咖啡因来源于它们所用的原始成分或由脱咖啡因咖啡所得的添加剂，也有通过化学合成的。瓜拿纳因子是很多能量饮料的基本成分，含有大量的咖啡因及少量的可可碱。

实验26

α-氨基乙苯的合成拆分与鉴别

一、实验目的

1. 学习掌握利用R. Leuchart反应合成外消旋α-氨基乙苯的方法。
2. 学习酒石酸法拆分外消旋α-氨基乙苯的方法。
3. 巩固蒸馏、回流、水蒸气蒸馏、分液漏斗的使用等基本操作。
4. 学习物质的旋光性，掌握旋光仪测定原理及使用方法。

二、预习要求

1. 了解R. Leuchart反应，熟悉α-氨基乙苯的性质及合成方法。
2. 学习旋光异构，了解外消旋体的拆分方法。
3. 了解阿贝折射仪、旋光仪等仪器的原理及使用方法。

三、实验原理

早在20世纪初，科学研究发现当人的情绪发生变化时，人大脑中的间脑底部会分泌出氨基乙苯、内啡肽等一系列化合物。α-氨基乙苯是一种生物碱，有芳香味的液体，能从空气中吸收CO_2，呈强碱性，与乙醇、乙醚互溶，溶于水。α-氨基乙苯是制备精细化学品的重要中间体，该化合物及其衍生物在医药化工中应用广泛，是兴奋类、抗抑郁类等药品的合成，以及染料、香料、乳化剂制备的重要原材料。

醛、酮与甲酸和氨(或伯胺、仲胺)，或与甲酰胺作用发生还原胺化反应，称为R. Leuchart反应。该反应不需要溶剂，将反应物混合在一起加热就能发生。利用该反应可以合成外消旋α-氨基乙苯，反应方程如图26-1所示。

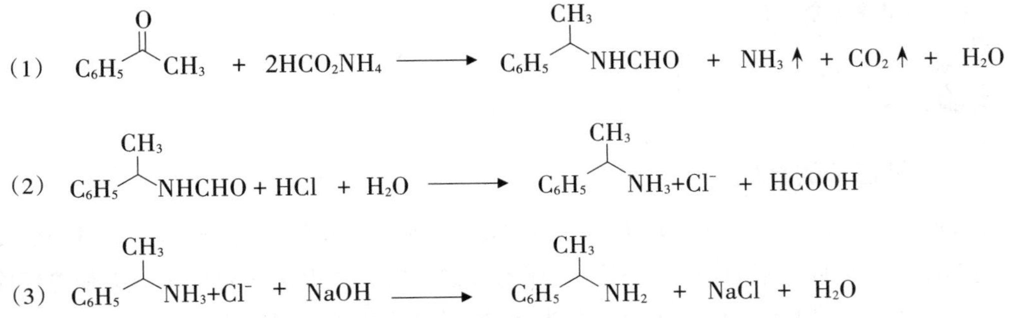

(1) $C_6H_5C(=O)CH_3 + 2HCO_2NH_4 \longrightarrow C_6H_5CH(CH_3)NHCHO + NH_3\uparrow + CO_2\uparrow + H_2O$

(2) $C_6H_5CH(CH_3)NHCHO + HCl + H_2O \longrightarrow C_6H_5CH(CH_3)NH_3^+Cl^- + HCOOH$

(3) $C_6H_5CH(CH_3)NH_3^+Cl^- + NaOH \longrightarrow C_6H_5CH(CH_3)NH_2 + NaCl + H_2O$

图26-1 外消旋α-氨基乙苯的合成路线图

该方法合成得到的是外消旋对映异构体(±)-α-氨基乙苯，无色液体，沸点187 ℃，折光率n_D^{20} = 1.5260。

用旋光性试剂将外消旋的对映体化合物变成可分离的非对映体混合物称为外消旋化合物的拆分。外消旋化合物的拆分常利用有旋光性的有机酸或有机碱，与有机碱或有机酸的对映体发生中和反应，反应后得到两种不同的盐，这两种盐虽然是立体异构体，但已不是对映体，其物理性质有差别。利用它们在某些溶剂中的溶解度不同，用分步法结晶，就可以将它们分离开。当两种盐分离以后，用强的无机酸或无机碱与之反应，就能把旋光性的碱或酸游离出来。

本实验利用旋光纯的酒石酸对α-氨基乙苯进行拆分。酒石酸在自然界存在丰富，是酿酒过程中的一种副产物。酒石酸与α-氨基乙苯反应，生成的(-)-α-氨基乙苯·(+)-酒石酸盐非对映体比另一种非对映体的(+)-α-氨基乙苯·(+)-酒石酸盐在甲醇中的溶解度小，故易从溶液中结晶析出，经稀碱处理，即能使(-)-α-氨基乙苯游离出来。溶液中含有(+)-α-氨基乙苯·(+)-酒石酸盐，经稀碱处理后可以得到(+)-α-氨基乙苯。

α-氨基乙苯具有旋光性，通过旋光度的测定，可以定性、定量鉴别，也可以通过核磁共振、色谱法等多种方法对产品进行分析检测。

四、实验用品

器材：蒸馏烧瓶，直形冷凝管，球形冷凝管，分液漏斗(150 mL)，圆底烧瓶(250 mL)，温度计，电加热套，旋转蒸发仪，水蒸气蒸馏装置，减压蒸馏装置，电磁搅拌器，显微熔点仪，自动旋光仪，红外光谱仪等。

试剂：甲酸铵(分析纯)，苯乙酮(分析纯)，浓盐酸(分析纯)，氯仿(分析纯)，甲苯(分析纯),氢氧化钠(分析纯),(+)-酒石酸(分析纯),甲醇(分析纯),乙醚(分析纯),无水硫酸镁(分析纯),氯化钠(分析纯)。

五、实验内容

1.α-氨基乙苯的合成

在100 mL蒸馏瓶中,加入10 mL苯乙酮、20 g甲酸铵和几粒沸石,蒸馏头上口的温度计插入蒸馏瓶接近瓶底,侧口连接冷凝管,装配为蒸馏装置。在电加热套中用小火加热反应混合物至150~155 ℃,甲酸铵开始融化并分为两相,并逐渐变为均相。反应物剧烈沸腾,并有水和苯乙酮蒸出,同时不断产生泡沫放出氨气。继续缓缓加热至温度达到185 ℃,停止加热,通常约1.5 h。将馏出液转入分液漏斗,分出苯乙酮层,重新倒回反应瓶,再继续加热1.5 h,注意控制反应温度不超过185 ℃。

将反应物冷却至室温,转入分液漏斗中,用15 mL水洗涤,以除去甲酸铵和甲酰胺,分出N-甲酰-α-氨基乙苯粗品,将其倒回原反应瓶。水层每次用10 mL氯仿萃取两次,合并萃取液也倒回反应瓶,弃去水层。向反应瓶中加入12 mL浓盐酸和几粒沸石,蒸出所有氯仿,再继续保持微沸回流30~45 min,使N-甲酰-α-氨基乙苯乙胺水解。水解进行迅速,除了一薄层苯乙酮及其他中性物质外,混合物都变得均匀,将混合物冷却至室温,每次用5 mL氯仿萃取3次以除去苯乙酮,合并萃取液倒入指定回收容器中。水层转入100 mL三颈瓶中。

将三颈瓶置于冰浴中冷却。称取10 g NaOH,加纯水25 mL溶解,将该溶液慢慢加入三颈瓶中,振摇混匀,进行水蒸气蒸馏。用pH试纸检查馏出液,至pH=7,无油状物流出时为止,收集馏出液约70~80 mL。将含有游离胺的馏出液每次用10 mL甲苯萃取3次,合并甲苯萃取液,加入粒状氢氧化钠干燥。将干燥后的甲苯溶液用滴液漏斗分批加入25 mL蒸馏瓶,先蒸去甲苯,然后改用空气冷凝管收集180~190 ℃馏分,称重得________g产品。

2.外消旋α-氨基乙苯的拆分

在装有回流冷凝管的250 mL锥形瓶中加入6.0 g(+)-酒石酸和90 mL甲醇,在水浴上加热使之溶解。慢慢加入5.0 g(±)-α-氨基乙苯到热的溶液中,振摇锥形瓶使充分混合,此步骤须小心操作,以免混合物沸腾或起泡溢出。冷至室温后,将烧瓶塞住,放置24 h以上,应析出白色棱状晶体。假如析出针状结晶,应重新加热溶解并冷却至完全析出棱状晶体。抽气减压过滤,并用少量冷甲醇洗涤,干燥后得(-)-氨基乙苯·(+)-酒石酸盐约4 g。合并母液和甲醇洗液浓缩到20 mL左右,静置使慢慢冷却,放置24 h,还可得到部分产品。将产品合并,用研钵研细,以50 mL甲醇重结晶,浓缩到40 mL,放置24 h,减压过滤,得纯净的(-)-氨基乙苯·(+)-酒石酸盐白色晶体4 g左右。

将上一步所得纯的(-)-α-氨基乙苯·(+)-酒石酸盐4 g放入250 mL锥形瓶中,加纯水20 mL,搅拌使部分结晶溶解。再加入5 mL 50% NaOH,搅拌混合物至固体完全溶解。将溶液转入分液漏斗,每次用15 mL乙醚萃取2次。合并醚萃取液,用无水硫酸钠干燥。水层倒入指定容器中回收(+)-酒石酸。

将干燥后的乙醚溶液用滴液漏斗分批转入25 mL圆底烧瓶,在水浴上蒸去乙醚,然后蒸发收集180~190 ℃馏分于一已称重的锥形瓶中,得产物(-)-α-氨基乙苯无色液体,称重。

3.折光率的测定

依据之前所学的阿贝折射仪的原理及实验方法,测定本实验制备所得(±)-α-氨基乙苯及(-)-α-氨基乙苯的折射率,并查阅文献,与文献值进行比较。

4.比旋光的测定

旋光性是氨基乙苯的重要性质,依据之前所学的旋光度的测定原理和方法,利用自动旋光仪测定本实验制备所得(±)-α-氨基乙苯及(-)-α-氨基乙苯的旋光度,计算比旋光度。并查阅文献,与文献值进行比较,计算(-)-α-氨基乙苯的光化学纯度。

注意事项:

本实验所得产品较少,需配制成溶液测定产品的旋光度。一般的溶剂为水或甲醇,溶剂不同、浓度不同时,所得旋光度不同,查阅文献及实验时应注意其区别。通常以甲醇为溶剂时,(-)-α-氨基乙苯的比旋光度为$\alpha_D^{25}=-39.5°$。

六、实验思考

1.该实验中,对(±)-α-氨基乙苯拆分的关键是什么?

2.是否还有其他方法将两个外消旋体分开?

3.有哪些方法可以检测鉴别(-)-α-氨基乙苯的结构?

4.本实验只拆分得到了(-)-α-氨基乙苯,如何得到(+)-α-氨基乙苯?

七、参考文献

[1]邹明珠,张寒琦.中级化学实验[M].长春:吉林大学出版社,2000.

[2]赵炜.综合性与设计性化学实验.徐州[M]:中国矿业大学出版社,2009.

[3]马鹏,石志芳,张荣华,等.绿色高效的α-苯乙胺的合成—本科教学实验的改进[J].广东化工,2013(24),152-153.

八、延伸阅读

手性对称

1808年，马鲁斯发现了偏振光。其后，法国物理学家比奥特和法国结晶学家及化学家郘于等人都先后发现了许多无机物晶体及某些有机物质具有使平面偏振光的振动平面发生旋转的性能。但他们却未能探索出这种旋光差别的原因。

1848年，法国学者巴斯德为了加强自己的结晶学研究能力，他对酒石酸和外消旋酒石酸的晶体重新进行了研究。巴斯德注意到，外消酒石酸钠铵的晶体是由两种具有不同的平面性质的晶体所组成的，它们的晶型关系就好像人的左右手关系一样，这两种等重的晶体混合在一起时，其混合液却没有显示旋光性。

由于这种旋光度的差异是在溶液中观察到的，巴斯德推断这不是晶体的特性而是分子的特性。他提出，构成晶体的分子是互为镜像的，正像这两种晶体本身一样。他进一步提出，存在着这样的异构体，其结构的不同仅仅是在于互为镜像，性质的不同也仅仅是在于旋转偏振光的方向不同。这样，巴斯德第一个发现了外消旋酒石酸的非旋光活性的原因在于它是一个“左征”和“右征”酒石酸的混合物，由此发现了外消旋酒石酸晶体中的对映异构现象。

1874年，范荷夫提出了碳原子的四面体学说。他提出，如果一个碳原子上连有四个不同基团，这四个基团在碳原子周围可有两种不同的排列形式，有两种不同的四面体空间构型。它们互为镜像，就跟人的左右手的关系一样，外形相似但不能重合，这种对称关系成为手性对称。

实验27

聚丙烯/碳纳米管导电复合材料的制备及逾渗值测定

一、实验目的

1.学习碳纳米管的表面偶联处理。

2.学习利用双螺杆挤出机完成导电复合材料的混合造粒。

3.学习注射机操作及测试样品的制备。

4.学习高阻计测试复合材料的导电性能。

5.掌握复合材料逾渗行为原理及逾渗值的测定。

二、预习要求

1.预习高分子材料的物理与化学改性。

2.预习了解导电复合材料的制备方法。

3.预习了解导电复合材料的导电性能测试方法。

三、实验原理

20世纪70年代，日本科学家白川英树发现掺杂后的聚乙炔具有极好的导电性，激发了人们对聚合物结构和性能研究的新章程。近20年间，导电高分子材料由于其密度小、易加工、耐腐蚀、可大面积成膜以及电导率可在十多个数量级的范围内进行调节等特点，不仅可作为多种金属材料和无机导电材料的代用品，而且已被广泛应用在军事、航天航空等领域，比如抗静电材料、电磁屏蔽材料(EMI)、静电耗散(ESD)和传感器等。由于导电高分子材料结构和功能的多样化使其受到了学术界和工业界的广泛关注，也成为目前功能化高分子材料领域的重要研究内容。

根据结构和制备方法的不同，导电高分子材料可以分为本征型导电高分子材料和复合型导电高分子材料（CPCs）两大类。本征型导电高分子材料是指高分子结构本身或经过掺杂之后具有导电功能的高分子材料，根据其电导率的大小又可分为高分子半导体、高分子金属和高分子超导体。复合型导电高分子材料是由高分子基体与各种导电添加剂［炭黑（CB）、碳纳米管（CNTs）、石墨烯、金属纳米颗粒等］通过填充复合、表面复合或层积复合等方式复合制备而来的，复合型导电高分子材料不仅可以保持高分子材料本身优异的特性，还可以通过改变高分子基体和导电填料的种类以及加工方法来改善其不足之处，从而满足材料在力学、电学和光学等方面的应用。同时由于其成本较低、易加工和易规模化生产，因而受到科学界和工业界的广泛关注。由于大多数普通主体聚合物基本上是绝缘的，因此复合型导电高分子材料的导电性能完全依赖于导电填料之后构建的连续导电网络。

绝大多数的导电复合材料的导电行为符合经典逾渗理论。逾渗理论描述为，当导电填料含量达到临界值时，复合型导电高分子材料将从绝缘体向导体过渡。具体而言，当初始导电通道形成时，电导率快速地增加几个数量级，该临界体积分数被定义为逾渗阈值（fc）；随着导电填料含量的增加，可以在聚合物基体中建立额外的导电通路，允许电导率逐渐增加直至达到饱和平台，如图27-1所示。

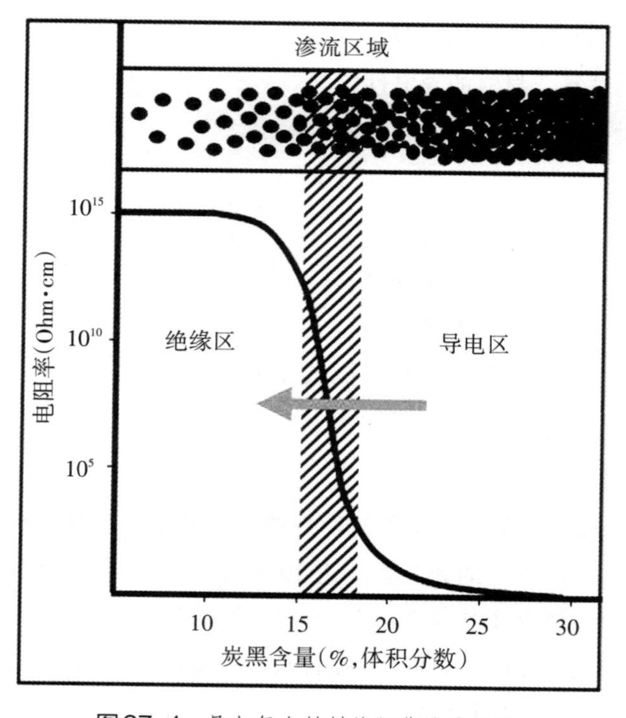

图27-1　导电复合材料的经典逾渗曲线

图27-1描述的就是复合型导电高分子材料的电导率与导电粒子浓度之间的关系，我们可以用经典的逾渗理论进一步分析：

$$\sigma = \sigma_0(\varphi - \varphi_c)^t$$

公式中，σ表示复合型导电高分子材料的电导率，t是与复合型导电高分子材料中导电网络的维度相关的临界指数。在这个模型中，$t \approx 2$和$t \approx 1.3$分别适用于三维（3D）和二维（2D）导电网络。然而，实验值通常偏离这些预测值。

四、实验用品

器材：电子天平，烧杯，圆底烧瓶，机械搅拌器，烘箱，切粒机，注射机，双螺杆挤出机，高阻计。

试剂：碳纳米管，硅烷偶联剂（KH550），聚丙烯（T30S），乙醇，去离子水。

五、实验内容

1.碳纳米管的硅烷偶联处理

称取一定质量的碳纳米管加入10%的硅烷偶联剂水溶液中，在高速搅拌下混合1 h，转速设为800～1000 r/min，将表面修饰后的碳纳米管放入90 ℃的烘箱干燥2 h。

2.聚丙烯/碳纳米管复合材料的混合造粒

按照0%、1%、2%、2.25%、2.5%、3%、5%的碳纳米管质量分数分别称取预先干燥好的聚丙烯和表面改性的碳纳米管，每组样品的总质量为500 g，将二者在密闭的容器中进行预混合。然后，打开双螺杆挤出机（图27-2）设置五个区的温度分别为160 ℃、180 ℃、200 ℃、190 ℃、180 ℃，在冷却水槽中加入干净的冷却水到容器体积的1/2左右，将纯聚丙烯（0%）加入双螺杆挤出机的加料桶中，待温度到达时，打开主机和喂料机的开关，设置好喂料机螺杆的转速以及主机螺杆的转速。喂料机螺杆的转速4.5~5.5 rpm/min，主机螺杆的转速10.5~15.5 rpm/min为宜，对双螺杆进行清洗至挤出无色透明的熔体（聚丙烯熔体的颜色）。待样品从螺杆中挤出后，打开吹风机和造粒机开关，在造粒机的出口准备好容器收集产品颗粒，保持挤出的样品粗细均匀地从冷却水中牵引到吹风机下面吹干水分，再牵引到造粒机的入口，调整造粒机的转速与挤出料的速度相适宜。然后，按照上述的步骤分别制备碳纳米管质量分数为1%、2%、2.25%、2.5%、3%和5%的样品。

图27-2　双螺杆挤出机

3.聚丙烯/碳纳米管复合材料注射成型

注射成型的原理是借助螺杆(或柱塞)的推力,将已塑化好的熔融状态(即黏流态)的塑料注射入闭合好的模腔内,经固化定型后取得制品。注射成型是一个循环的过程,每一周期主要包括:定量加料—熔融塑化—施压注射—充模冷却—启模取件。取出塑件后又再闭模,进行下一个循环。

螺杆式注射机(图27-3)的成型工艺过程是:首先将经双螺杆造粒的聚丙烯与表面改性的碳纳米管混合物粒状加入加料筒内,通过螺杆的旋转和机筒外壁加热使塑料成为熔融状态,然后机器进行合模和注射座前移,使喷嘴贴紧模具的浇口道,接着向注射缸通入压力油,使螺杆向前推进,从而以很高的压力和较快的速度将熔料注入温度较低的闭合模具内,经过一定时间和压力保持(又称保压)、冷却,使其固化成型,便可开模取出制品(保压的目的是防止模腔中熔料的反流、向模腔内补充物料,以及保证制品具有一定的密度和尺寸公差)。

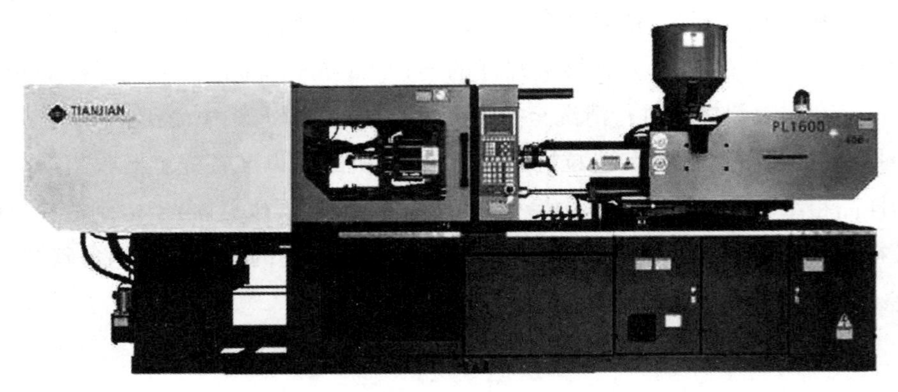

图27-3　注射机

本实验采用测试电阻标准圆片模具，所成型的圆片的直径为60 mm，厚度1 mm。注塑温度设定为200 ℃，注射量设定为60 g，保压时间设定为2 min，模具温度设定为40 ℃。

4. 导电性能及导电逾渗值

室温（25 ℃）下，用高阻计（PC-68型）测每组注塑成型的样品的体积电阻R_V，每组样品测5个，然后取平均值作为该组样品的电阻值并记录，同时用游标卡尺测量每组样品的厚度并取平均值记录下来。利用高阻计的电导率计算公式得到样品的电导率：

$$\sigma = R_V \times \frac{\pi \times (d+g)^2}{4t}$$

式中，t为样品的厚度（cm）；d为测量电极的直径，本电极为5 cm；g为测量电极与保护电极的间隙，本间隙为0.2 cm；R_V为测量的体积电阻。

用作图软件处理数据，以样品的碳纳米管的含量作为X轴，样品的电导率σ作为Y轴画出样品的电导率随填料碳纳米管含量的变化曲线图。为找出样品的导电逾渗值，需要作出$\lg\sigma$对$\lg(\varphi-\varphi_c)$的线性拟合图（即逾渗曲线图），要求拟合的线性指数达到99%以上，φ_c就是样品的导电逾渗值，φ是样品的填料含量。因此，就需要根据样品的电导率随填料含量变化的曲线图找到合适的φ_c作逾渗曲线图，逾渗值φ_c是样品在该含量下的电导率突跃，样品由绝缘或半导体变为导体。

六、实验思考

1. 碳纳米管表面偶联处理的目的是什么？
2. CPC中导电网络与其导电性的关系是什么？
3. 双螺杆挤出过程中为什么喂料速度低于挤出速度？
4. 为什么对公式进行线性拟合可获得逾渗值？

七、参考文献

[1] Kirkpatrick S. Percolation and conduction[J]. *Reviews of Modern Physics*, 1973, 45, 574-588.

[2] Balberg I, Binenbaum N. Computer study of the percolation-threshold in a two-dimensional anisotropic system of conducting sticks[J]. *Physical Review B*, 1983, 28, 3799-3812.

[3] Stankovich S, Dikin D A, Dommett G H B, Kohlhaas K M, Zimney E J, Stach E A, Piner R D, Nguyen S T, Ruoff R S. Graphene-based composite materials[J]. *Nature*, 2006, 442: 282-286.

[4] DENG H, LIN L, JI M Z, ZHANG S M, YANG M B, FU Q. Progress on the morphological control of conductive network in conductive polymer composites and the use as electroactive multifunctional materials[J]. *Progress in Polymer Science*, 2014, 39: 627-655.

八、延伸阅读

碳纳米管

碳纳米管(CNT),为管状的纳米级石墨晶体,是单层或多层石墨片围绕中心轴按一定的螺旋角卷曲而成的无缝纳米级管,每层的C是sp^2杂化,形成六边形平面的圆柱面。碳纳米管作为一维纳米材料,重量轻,六边形结构连接完美,具有许多异常的力学、电学和化学性能。

碳纳米管1991年由日本科学家Sumio Iijima发现,它具有优良的场发射性能,可制作成阴极显示管、储氢材料等。我国自制的碳纳米管储氢能力达到4%,居世界领先水平。1992年,科研人员发现碳纳米管随管壁曲卷结构不同而呈现出半导体或良导体的特异导电性;1995年,科学家研究并证实了其优良的场发射性能;1996年,我国科学家实现碳纳米管大面积定向生长;1998年,科研人员应用碳纳米管作电子管阴极;1998年,科学家使用碳纳米管制作室温工作的场效应晶体管;1999年,韩国一个研究小组制成碳纳米管阴极彩色显示器样管;2000年,日本科学家制成高亮度的碳纳米管场发射显示器样管。同年,香港科技大学物理系两位博士合成出全球最细的纳米碳管。

我国科学家不仅合成出了世界上最长的碳纳米管,而且推进了碳纳米管的应用研究,研制出具备良好储氢性能的碳纳米管和具备初步显示功能的碳纳米管显示器,并利用其电子发射性能研制发光器件。

实验28

聚苯胺的合成及其物相与形貌表征

一、实验目的

1. 学习掌握导电高分子材料导电的基本原理。
2. 学习掌握聚苯胺的制备方法。
3. 学习掌握相关仪器设备的使用。

二、预习要求

1. 复习理论教材中导电高分子材料相关内容。
2. 预习了解粉末X射线衍射仪、红外光谱仪及扫描电镜。
3. 学习聚苯胺导电高分子的各种制备方法。

三、实验原理

常规高分子材料都是不导电的绝缘体,在绝缘体材料中得到广泛应用。1974年,日本筑波大学的H. Shirakawa于高催化剂浓度下意外合成了具有交替单键和双键结构的高顺式聚乙炔(PA)。随后H. Shirakawa与美国化学家A. J. Heeger和A. G. MacDiarmid等合作研究,发现此聚乙炔薄膜经过AsF_5或I_2掺杂后,电导率提高12个数量级,达到10^3 S/cm,而且聚乙炔薄膜的颜色也随着掺杂过程由银灰色转变为具有金属光泽的金黄色,呈现明显的金属特征和独特的光、电、磁和热等性能。从此,导电高分子(Conducting polymers)这一概念便产生了。随后几十年,人们相继发现了一批具有共轭π键的导电高分子,如聚苯胺、聚吡咯、聚噻吩、聚对苯撑和聚对苯乙烯等。经过掺杂后,导电高分子实现了从绝缘体到半导体,再到导体的变化，是所有物质中总跨越幅度最大的一类，是迄今为止任何材料都无法比拟的。导电高分子具有独特的结构和优异的物理化学性能，在能源、光电子器件、信息储存和处理、传感器、电磁屏蔽、金属防腐和隐身技术等方面有着广泛、诱人的应用前景。

聚苯胺（Polyaniline，PANI）是众多导电高分子中应用最为广泛的一种。聚苯胺不仅具有原料成本低、合成方法简便等优点，还具有优异的导电性、氧化还原特性、电催化性能、电致变色行为、质子交换性及光电特性等。聚苯胺还可以与许多无机、有机小分子及其他高分子材料复合而形成多种具有独特功能的新型材料。因此，聚苯胺不仅在抗静电、电磁屏蔽、防腐涂料和介电材料等方面得到广泛应用，而且在发光二极管、人工肌肉、电致变色窗口、分子电路、光电池和光控开关等高新科技领域具有广泛的应用前景。

聚苯胺结构复杂，合成方法、反应条件及后处理不同时，得到产物的结构差别较大。经过多次修正，1987年MacDiarmid提出被广泛接受的苯式/醌式结构单元模型，聚苯胺由还原单元和氧化单元构成（如图28-1所示），随着两种结构单元的含量不同，聚苯胺具有不同程度的氧化状态，这些氧化状态可以相互转化。

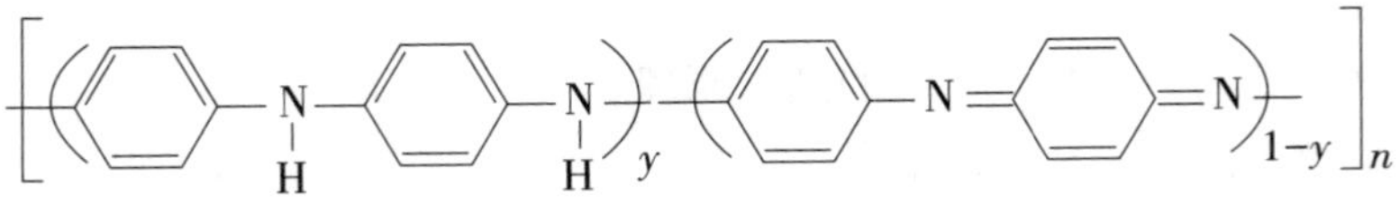

N N N N H H y 1−y n

（a）还原单元　　（b）氧化单元

图28-1　聚苯胺的分子结构

聚苯胺结构中的还原单元为“苯-苯”连续式，氧化单元为“苯-醌”交替式。$y(0\leqslant y\leqslant 1)$表示聚苯胺的氧化程度，随着$y$值的变化，聚苯胺结构、组分、颜色、电导率等也随之变化（如图28-2所示）。当$y=1$时，聚苯胺为完全还原型的全苯式结构（Leucoemeraldine，LE），此时的聚苯胺为电绝缘体；当$y=0$时，聚苯胺为完全氧化型的“苯-醌”交替结构（Pernigraniline，PE），此时苯胺被称为最高氧化态，也是电绝缘体；当$y=0.5$时，聚苯胺为苯醌比为3:1的半氧化半还原结构（Emeraldine base，EB），此时聚苯胺被称为中性聚苯胺或中间氧化态、半氧化态。

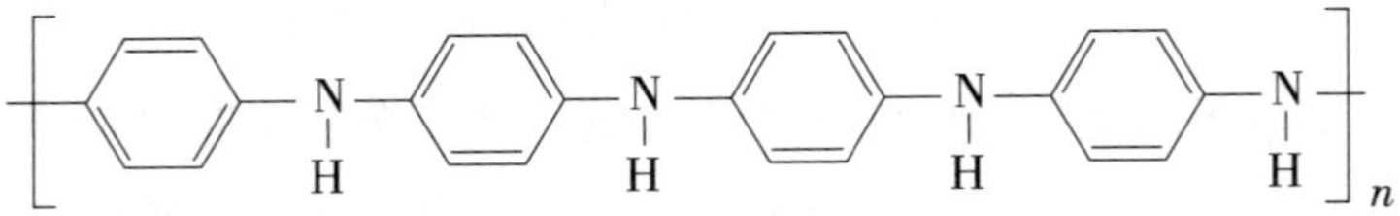

N N N N H H H H n

（a）完全还原态（$y=1$）

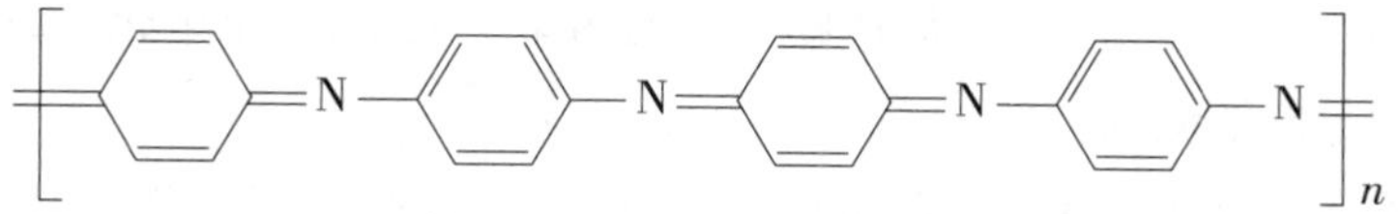

(b) 完全氧化态(y=0)

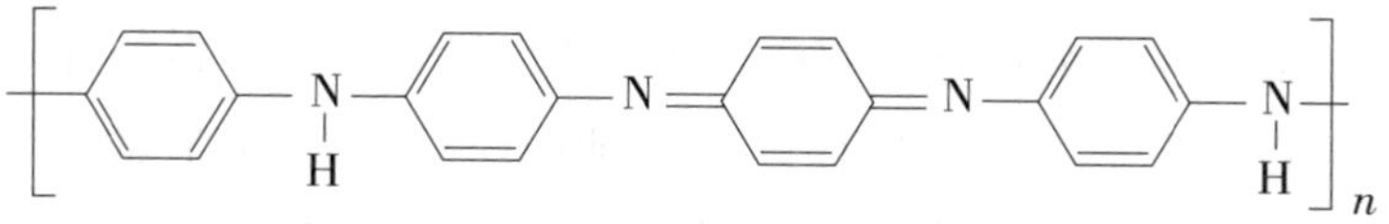

(c) 半氧化态(y=0.5)

图28-2 聚苯胺的典型结构

在上述三种可稳定存在的聚苯胺氧化态中,只有中间氧化态聚苯胺(y=0.5)能通过掺杂发生从绝缘态到导电态的突变,而在其他氧化态下电导率的跃迁程度没有这么大,因此目前关于聚苯胺的研究主要集中在中间氧化态。

聚苯胺和其他导电高分子一样,只有通过掺杂才能从绝缘体变为半导体甚至导体。质子酸掺杂聚苯胺时,并没有改变聚苯胺分子链上的电子数目,而是质子进入高分子链使主链带正电,同时阴离子为维持电中性也进入高分子链,这与聚乙炔(PA)、聚噻吩(PTH)和聚吡咯(PPY)等其他导电高分子完全不同。

聚苯胺中的掺杂主要是亚胺的氮原子,并且苯二胺和醌二亚胺结构必须同时存在才能保证有效的质子掺杂。在掺杂过程中,分子链中电子数不变,掺杂剂的质子附加在主链的碳原子上,而质子所带的电荷在共轭链上延展开来,质子的进入可以使本征态聚苯胺(EB)转变为电导率较大的亚胺盐(ES)。掺杂后的聚苯胺分子链上同时存在极化子和双极化子,载流子是由极化子和双极子共同承担的,它们在分子链上相互转化从而实现电荷传递。掺杂后的聚苯胺的电导率可以提高9 ~ 10个数量级。

经质子酸掺杂的聚苯胺可以在碱的作用下进行脱掺杂,最终转变为绝缘体。脱掺杂过程的实质是酸碱中和反应。脱掺杂的聚苯胺还可以再与质子酸反应掺杂导电,这为制备掺杂聚苯胺提供了另一种方法,一些不能直接在合成时掺杂的质子酸可以通过再掺杂方法进入聚苯胺。但是再掺杂制备的聚苯胺的电导率一般不高,可能是由于质子酸难以渗入聚合物分子链中进行掺杂造成的。

聚苯胺的合成方法主要包括电化学氧化聚合法和化学氧化聚合法两种。电化学氧化聚合法通常是在含有苯胺单体的电解质溶液中,利用电能使苯胺发生聚合反应。电化学方法制备的聚苯胺可以是粘附在电极上的聚苯胺薄膜或者是沉积在电极表面的粉末。电化学合成聚苯胺的方法主要有恒电流法、恒电位法、循环伏安法及脉冲极化法等。电解质通常采用氢氟酸、硫酸、高氯酸、盐酸等。电化学氧化聚合法的优点是反应条件简单,温和易于控制,同时产品纯度较高，没有氧化剂、还原产物引起的污染。但是，由于电化学方法成本较高，只适宜小批量聚苯胺的合成。

化学氧化聚合法通常是在苯胺溶液中直接加入氧化剂，在酸性介质中使苯胺单体发生氧化聚合。该方法主要受氧化剂、酸、反应温度等因素影响。氧化剂通常采用$(NH_4)_2S_2O_8$、$K_2Cr_2O_7$、H_2O_2、$FeCl_3$等。质子酸也是影响聚苯胺合成的关键因素。在聚合过程中，它一方面提供反应介质所需的酸性环境，另一方面以掺杂剂的形式进入聚苯胺的骨架，赋予聚苯胺一定的导电性。目前，合成聚苯胺所用到的质子酸主要有盐酸、高氯酸、硫酸等小分子质子酸和樟脑磺酸、十二烷基苯磺酸、萘磺酸等大分子有机酸。化学氧化聚合法是目前合成聚苯胺最经济、简便的一种方法，可以通过控制合成条件获得一定分子量的聚苯胺，适用于大规模工业生产；其缺点是，所用试剂容易残留影响产品的性能，产品呈颗粒或粉末状、微观形貌不规则。

四、实验用品

器材：电子天平，磁力搅拌加热器，150 mL锥形瓶，0.5 mL移液管，40 mL量筒，玻璃塞，搅拌子，pH试纸，滴管，搪瓷盆，N_2瓶，充气袋，离心管，离心机，真空干燥箱，X射线衍射仪，红外光谱仪，扫描电子显微镜。

试剂：十二烷基苯磺酸钠（SDBS，分析纯），苯胺单体（An，分析纯），$(NH_4)_2S_2O_8$（APS，分析纯），无水乙醇（分析纯），1 mol/L盐酸，蒸馏水，冰。

五、实验内容

1.聚苯胺的制备

将0.1673 g十二烷基苯磺酸钠（0.48 mmol）溶于40 mL蒸馏水中，然后加入451 μL苯胺单体（An，5 mmol），用1 mol/L盐酸调节反应体系初始pH约为1，在0 ℃的冰水浴中磁力搅拌使其混合均匀。将1.1272 g $(NH_4)_2S_2O_8$（APS，5 mmol）溶于20 mL水中，一次性倒入上述溶液中，搅拌均匀后于室温下静置，在N_2保护下反应12 h。将反应液离心分离，用蒸馏水、乙醇依次洗涤至溶液无色，然后将产物置于真空干燥箱中于60 ℃下干燥6 h。

2.X射线衍射分析

依据之前所学的X射线物相分析方法，将产物进行粉末X射线衍射结构测试分析，得到样品的XRD谱图（图28-3），结果显示所得产品在$2\theta=21^\circ$左右出现一个宽的衍射峰，是聚苯胺的无定形峰。此外，在25°处存在一个较小的衍射峰，也是苯胺的特征峰，由垂直于聚合物链的周期性排列引起的。

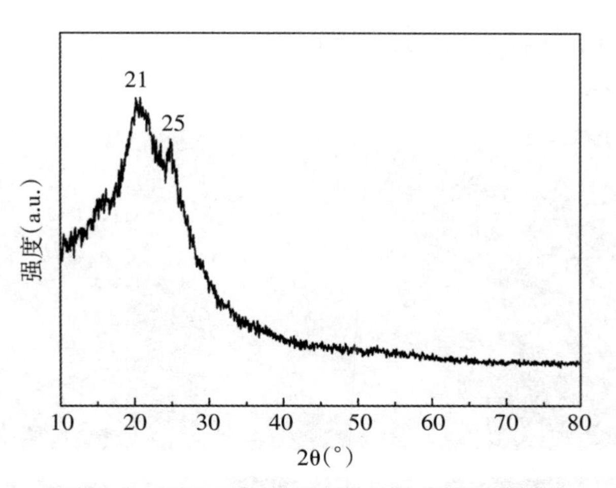

图28-3 采用SDBS掺杂制备的聚苯胺XRD图谱

3.红外光谱分析

依据之前所学的红外分析方法,将产物进行KBr压片进行红外测试分析,得到样品的FT-IR谱图(图28-4),结果显示所得产品在1565 cm^{-1}、1481 cm^{-1}、1300 cm^{-1}、1235 cm^{-1}、1146 cm^{-1}和799 cm^{-1}处出现较强的吸收峰,它们分别归属于醌环的C=C伸缩振动、苯环的C=C伸缩振动、C-N键伸缩振动、极化子结构$CN^{·+}$伸缩振动、C=N键伸缩振动和1,4取代苯环C-H面外弯曲振动,与文献报道的典型掺杂态聚苯胺的红外吸收光谱相一致。

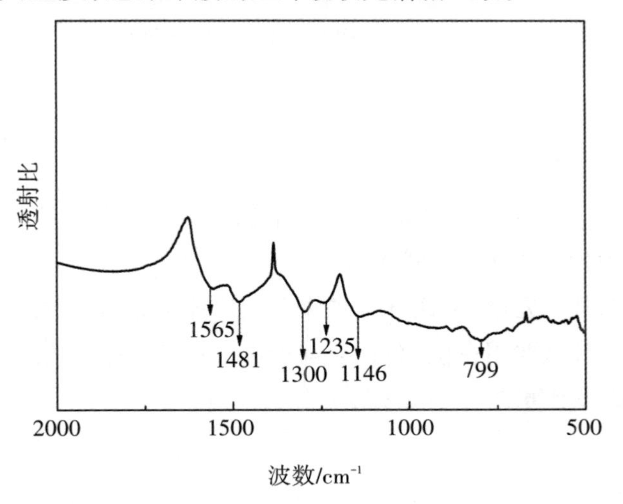

图28-4 SDBS掺杂聚苯胺的FTIR图谱

4.扫描电镜测试

依据之前所学的扫描电镜测试方法,将产物进行微观结构形貌测试分析,得到样品的

SEM图(图28-5),结果表明样品为带状结构,宽度为0.5 ~ 1 μm,这些带相互交错排列。带的表面比较粗糙,存在纳米小颗粒。

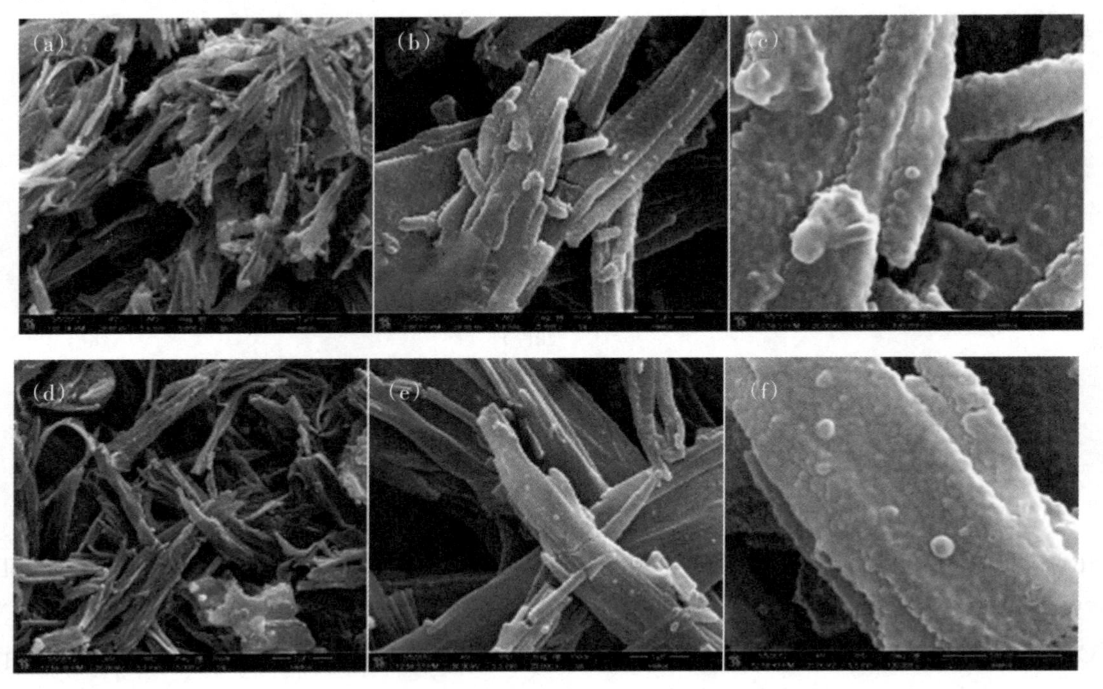

图28-5　不同SDBS浓度掺杂制备的聚苯胺SEM图:(a)、(b)、(c)SDBS浓度为0.012 mol/L;(d)、(e)、(f)SDBS浓度为0.024 mol/L

六、实验思考

1.实验过程中加入十二烷基苯磺酸钠的作用是什么?

2.制备过程中,为什么要在N_2保护下进行反应?

3.制备过程中,为什么要用1 mol / L盐酸调节反应体系的初始pH?

4.制备过程中,为什么要用在0 ℃的冰水浴中进行磁力搅拌使其混合均匀?

5.除了样品形貌,我们更为关心聚苯胺的什么性质?

七、参考文献

[1]黄彦维.高电导率聚苯胺复合材料的合成[D].天津:天津大学,2006: 1.

[2] Anton J Dominis, Geoffrey M Spinks. A de-doping/re-dooing study of organic soluble polyaniline[J]. *Synthetic Metals*, 2002, 129, 165-172.

[3] 王利祥，王佛松. 导电聚苯胺的研究进展：合成链结构和凝聚态结构[J]. 应用化学，1990,7(5)，1-10.

八、延伸阅读

性能优良的聚合物材料

聚丙烯腈基碳纤维具有优异的综合性能，是航空航天、国防和民用高科技领域不可或缺的关键战略材料。为了推动碳纤维产业发展，《中国制造2025》和《新材料产业"十三五"发展规划》将碳纤维列为重点支持的战略新兴产业之一。聚丙烯腈基碳纤维的生产技术主要有湿纺与干喷湿纺两种技术路线，其中干喷湿纺技术具有生产效率高、碳纤维品质好、生产成本低等优点。世界上高端牌号碳纤维主要采用干喷湿纺技术生产，然而这些技术长期被日本和美国公司垄断，特别是T-1000及其以上级别的超高强度碳纤维更是高端产品，是对我国封锁的重中之重。

山西煤化所张寿春研究员团队围绕T-1000级超高强碳纤维制备，承担了中国科学院重点部署项目，并于2019年1月通过中科院组织的专家验收。该技术采用干喷湿纺路线，开展了前驱体链结构优化设计、纺丝液流变性调控、纤维微纳米结构控制及关键装备技术系统研究，实现了干喷湿纺关键核心技术的突破。所制备的T-1000级超高强碳纤维同时兼具高拉伸强度和高弹性模量特征，经第三方机构检测，性能指标均达到业内先进水平。

针对当前碳纤维应用正在从单一的结构承载型，向结构-功能一体化方向发展的趋势，张寿春团队用了2年时间，成功开发了聚丙烯腈基新型中空碳纤维。聚丙烯腈基中空碳纤维技术难度大，目前仅有德国巴斯夫公司和日本东丽公司掌握。张寿春介绍，新型中空碳纤维不同于普通的中空碳膜材料，其连续长丝具有细旦化和高强度的特点，可编织性和缠绕性良好；也不同于传统的实芯碳纤维，其芯部具有连续规整的中空结构。因此，高强度中空聚丙烯腈基碳纤维既满足结构增强又具有隔热、填充改性等特殊功能，是一种结构功能一体化的新型碳纤维。

随着应用领域的迅速增长和应用要求的日益提高，高端碳纤维和新品种碳纤维已成为当前各国竞相开发的热点。该研究将有助于我国高性能碳纤维多品种、系列化发展，对结构轻量化和多功能化应用具有积极意义。

实验29

探究铜锌双液原电池中电解质溶液对电流的影响

一、实验目的

1. 通过实验探究，更加深刻地理解双液原电池及其原理。
2. 通过实验探究，明确影响产生电流大小的主要因素。
3. 通过实验进一步理解用手持技术进行化学实验的原理，巩固实验操作方法。

二、预习要求

1. 复习高中化学教材必修2和选修4中原电池相关的内容，了解单液原电池和双液原电池的实验原理和教学作用。
2. 了解运用手持技术进行化学实验的原理和方法。
3. 思考本实验中负极电解质溶液电解质选择的依据。

三、实验原理

原电池的工作原理是中学化学电化学专题的重要内容，各版本高中化学教材原电池内容均包含了单液原电池和双液原电池两种原电池的基本模型。在Cu-Zn双液原电池中，2个电极反应是在彼此隔离的条件下进行的，这也让学生对原电池中的氧化反应和还原反应分别在2个电极上进行有了更深刻的认识。学生在学习中对于双液原电池往往存在以下认知难点：(1)盐桥的作用原理；(2)电极材料的选择；(3)正负极电解质溶液的选择。在教学中，教师着重讲授难点(1)和(2)并使学生有所突破。但对于难点(3)教师没有给予足够的重视，双液原电池的正负极电解质溶液是不同的，正极电解质溶液参与原电池的电池反应，教师讲得相对较多，对于负极电解质溶液一线教师在教学中一般能够给学生一个答复：负极电解质溶液不能与负极电极发生反应，有些教师还会给学生强调"负极电解质溶液中的金属阳离子最好和负极电极一致"，而学生对此并不是完全理解的，这对学生理解负极电解质溶液的作用产生了影响。那么Cu-Zn双液原电池对负极电解质溶液的选择有何要求？不同负极电解质溶液产生的电流大小有何区别？电解质溶液的浓度与电流大小有何关系？了解这些内容，对于教师设计教学和演示实验有重要的参考价值，还有助于学生深刻理解原电池的工作原理。

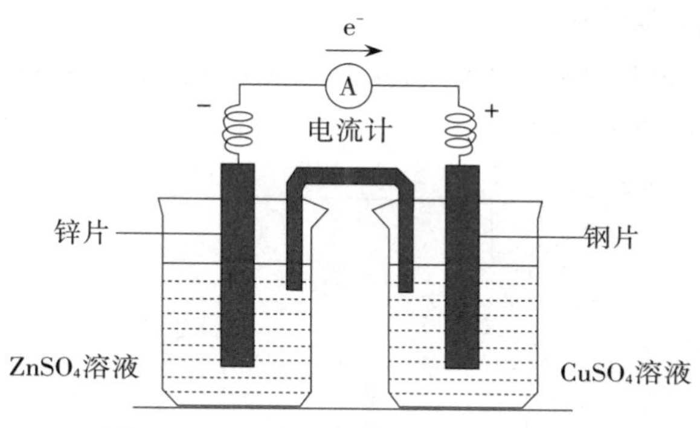

图29-1 双液原电池实验装置图

在Cu-Zn双液原电池中，Cu作为正极材料，正极电解质溶液是$CuSO_4$溶液，其中Cu^{2+}作为正极反应物发生还原反应；Zn作负极材料，同时作为负极反应物发生氧化反应，连接盐桥和导线组成闭合回路，构成原电池，如图29-1所示。

实验中，要运用单因素轮换法(或称简单比较法)进行研究。严格控制其他变量，通过只变更负极电解质溶液的种类、浓度以及正极电解质溶液的浓度来探究原电池的电流变化。由于铜锌双液原电池中电流很小，因此要选择可以精确测得电流的电流传感器。通过电流传感器探究：使用不同种类负极电解质溶液后Cu-Zn双液原电池电流的变化、改变正负极电解质溶液浓度后原电池电流的变化，从而明晰双液原电池电解质溶液的最优选择。

四、实验用品

器材：数据采集器，电流传感器，烧杯，U型管，容量瓶，砂纸，导线，玻璃棒，量筒，电子天平。

试剂：锌片(长8 cm、宽1.5 cm)，铜片(长8 cm、宽1.5 cm)，$CuSO_4·5H_2O$，KCl，$CaCl_2·2H_2O$，NaCl，$MgCl_2·6H_2O$，$AlCl_3·6H_2O$，$ZnCl_2$，K_2SO_4，Na_2SO_4，$ZnSO_4·7H_2O$，琼脂粉，去离子水。

五、实验内容

1.实验前的准备

(1)琼脂-饱和KCl溶液盐桥的制作

在烧杯中加入3 g琼脂粉和97 mL蒸馏水,在水浴上加热至完全溶解。然后加入30 g KCl充分搅拌,KCl完全溶解后趁热将此溶液转入U形管中,待凝结后浸泡于饱和KCl溶液中备用。

(2)配制正极电解质溶液

将$CuSO_4$分别配制成0.30 mol /L和1.5 mol /L的溶液。

(3)配制负极电解质溶液

将KCl、$CaCl_2$、NaCl、$MgCl_2$、$AlCl_3$、$ZnCl_2$、K_2SO_4、Na_2SO_4、$ZnSO_4$等九种盐分别配制成0.30 mol /L和0.60 mol /L的溶液。

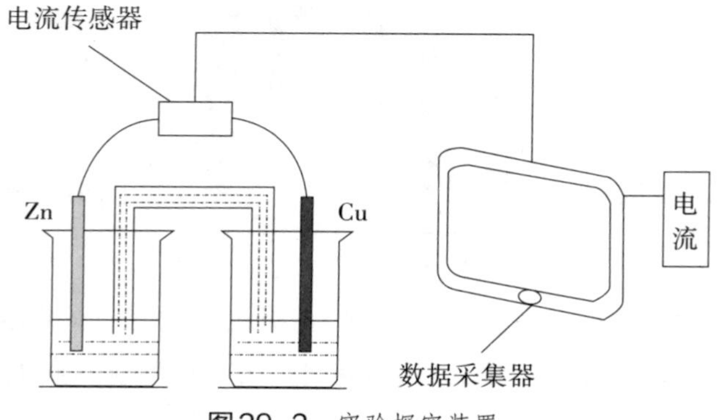

图29-2 实验探究装置

2.探究不同种类负极电解质溶液对电流大小的影响

按照图29-2连接实验装置,保持正极$CuSO_4$溶液浓度为0.30 mol /L,负极电解质溶液的浓度为0.30 mol /L,正负极电解质溶液用量均为80 mL,铜片和锌片均浸入电解质溶液4 cm进行实验;用电流传感器通过数据采集器采集数据,设置数据采集时间为60 s,采集数180,采集数据。探究不同种类的盐溶液作为负极电解溶液,产生电流的大小并将测得的数据填入表29-1中。

表29-1　不同种类负极电解质溶液对电流大小的影响

电解质种类	KCl	$CaCl_2$	NaCl	$MgCl_2$	$AlCl_3$	$ZnCl_2$	K_2SO_4	Na_2SO_4	$ZnSO_4$
平均电流/mA									

3. 探究同种负极电解质溶液浓度的变化对电流大小的影响

保持上述实验条件不变，改变负极电解质溶液的浓度（0.30 mol/L和0.60 mol/L），探究同种负极电解质溶液浓度大小对电流大小的影响并将测得的数据分别填入表29-2和表29-3中。

表29-2　0.30 mol/L同种负极电解质溶液对电流大小的影响

电解质种类	KCl	$CaCl_2$	NaCl	$MgCl_2$	$AlCl_3$	$ZnCl_2$	K_2SO_4	Na_2SO_4	$ZnSO_4$
平均电流/mA									

表29-3　0.60 mol/L同种负极电解质溶液对电流大小的影响

电解质种类	KCl	$CaCl_2$	NaCl	$MgCl_2$	$AlCl_3$	$ZnCl_2$	K_2SO_4	Na_2SO_4	$ZnSO_4$
平均电流/mA									

4. 探究正极电解质溶液浓度对电流大小的影响

控制负极电解质溶液的浓度为 0.60 mol /L，其他条件与前面实验条件相同，改变$CuSO_4$溶液的浓度分别为 0.30 mol /L和 1.50 mol /L，探究正极电解质浓度大小对电流大小的影响，并将结果填入表29-4中（因表23的实验已经进行了$CuSO_4$溶液的浓度为 0.30 mol /L的实验，所以这里只探究$CuSO_4$溶液的浓度为 1.5 mol /L这个浓度。）。

表29-4　1.50 mol/L $CuSO_4$溶液正极电解质溶液对电流大小的影响

电解质种类	KCl	$CaCl_2$	NaCl	$MgCl_2$	$AlCl_3$	$ZnCl_2$	K_2SO_4	Na_2SO_4	$ZnSO_4$
平均电流/mA									

六、实验思考

1.通过实验探究你发现了什么规律？

2.通过实验探究你认为“负极电解质溶液中的金属阳离子最好和负极电极一致”，这句话有什么问题？怎样解释实验探究的结果？可以得出怎样的结论？

3.阅读参考文献“[1]”思考：负极电解质溶液的浓度越大，产生的电流是否一定就越大？为什么？

七、参考文献

[1]鲁欢欢，高敬，姜言霞. 利用手持技术探究铜锌双液原电池中电解质溶液对电流的影响[J]. 化学教育（中英文），2019，40（1），58-61.

[2]盛晓婧，林建芬，钱扬义. 利用数字化手持技术探究原电池电流和温度的变化[J]. 化学教育，2016，37（5），61-66.

[3]韦善于. 在化学原电池教学中引入双液原电池的探讨[J]. 广西教育（中等教育），2018（1），148-149.

八、延伸阅读

伏打电池的重要性

人们很早就认识了电，但在伏打电池之前，人们只能应用摩擦发电机，运用旋转来发电，再将电存放在莱顿瓶中，以供使用。这种方式相当麻烦，所得的电量也受限制。伏打电池的发明克服了这些缺点，使得电的取得变成非常方便。电气所带来的文明，伏打电池是一个重要的起步，它带动后续电气相关研究的蓬勃发展，后来利用电磁感应原理的电动机和发电机的研发成功也归功于它，而发电机之后电气文明的开始，引发第二次产业革命并改变了人类社会的结构。

丹麦人丹尼尔（J.F.Daniell）和勒克兰社（Leclanche）发明了铅电池。公元1859年，普兰特（R.L.G.Plante）发明铅蓄电池。英国的化学家汉弗莱·戴维（Humphry Davy）后续的研究发现了几种碱金属，导致电气化学工业的兴起。戴维对电流的磁效应方面的研究有过重要的贡献，著名的物理大师法拉第曾经在戴维实验室当助理学习。

伏打电池的发明，提供了产生恒定电流的电源——化学电源，使人们有可能从各个方面研究电流的各种效应。从此，电学进入了一个飞速发展的时期——电流和电磁效应的新时期。

直到现在，我们用的干电池就是经过改良后的伏打电池。干电池中用氯化铵的糊状物代替了盐水，用石墨棒代替了铜板作为电池的正极，而外壳仍然用锌皮作为电池的负极。

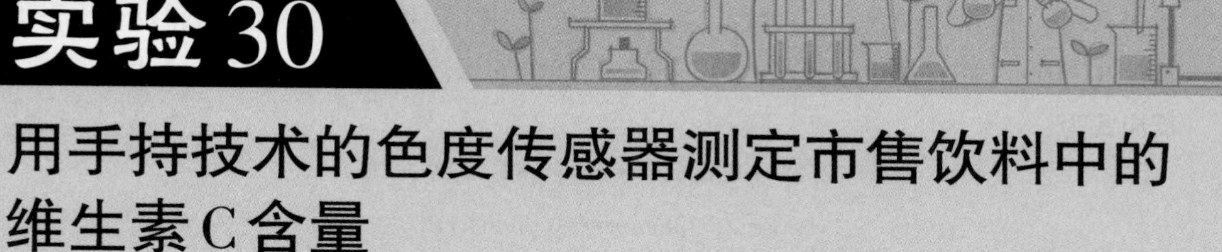

实验30

用手持技术的色度传感器测定市售饮料中的维生素C含量

一、实验目的

1. 了解将手持技术运用到中学化学实验的作用和意义。
2. 通过实验，理解光度法测定维生素C的原理
3. 通过实验，学习用色度传感器测定维生素C的方法。
4. 了解影响本实验的主要因素和条件的优化方法。

二、预习要求

1. 了解手持技术在中学化学教学中的应用意义和作用；了解用手持技术进行化学实验的方法。

2. 了解运用手持技术进行本实验的原理、方法和步骤。

3. 了解影响本实验的主要因素，了解如何运用实验优化实验条件。

三、实验原理

手持技术设备简单，可广泛用于理科实验中，结合使用不同的传感器能迅速收集各类化学、物理、生物、环境等数据，如压强、色度、pH、温度、溶解氧、电导率、光强度、电流、电压等。在中学化学实验教学中运用手持技术可以使化学实验定量化、实验现象实时化、微观过程数据化、实验数据可视化。以降低学习的难度，提高课堂效果，培养学生的思维能力。

本实验是以高中化学选修6课题二"身边化学问题的探究之饮料的研究"为背景，利用手持技术方法结合色度传感器，基于Fe^{2+}和邻二氮菲(phen)的显色反应，测定市售饮料中维生素C的质量浓度。

维生素C的分子式为$C_6H_8O_6$，分子中的烯二醇基在弱酸性介质中可以将Fe^{3+}定量还原成Fe^{2+}，Fe^{2+}进一步与邻二氮菲(phen)发生显色反应生成橙红色络合物，该橙红色络合物在波长510 nm处有最大吸收，在一定范围内，颜色的深浅与维生素C的质量浓度成正比。反应式为：

$$2Fe^{3+} + C_6H_8O_6 = 2Fe^{2+} + C_6H_6O_6 + 2H^+$$

$$Fe^{2+} + 3phen = [(phen)_3Fe]^{2+}$$

色度计中包含3种滤光片：蓝色(470 nm)、绿色(565 nm)以及红色(635 nm)。根据待测物质的最大吸收波长选择滤光片，即选择与波长最接近的滤光片。本实验选择蓝色滤光片。

用色度计测得的是溶液的透射比T，结果处理时还需再换算成吸光度A。

四、实验用品

器材：数据采集器，色度传感器，烧杯，容量瓶，玻璃棒，量筒，电子天平。

试剂：维生素C，硫酸铁铵，盐酸，邻二氮菲，乙醇，醋酸，醋酸钠，去离子水。

五、实验内容

1.实验前的准备

(1)维生素C标准溶液(100 μg/mL)的配制：准确称取0.0250 g抗坏血酸于烧杯中，加水溶解后定量转移至250 mL容量瓶中，加水稀释，定容，摇匀备用。

(2)铁标准溶液(0.1 μg/mL)的配制：准确称取0.2153 g硫酸铁铵于小烧杯中，加入5 mL盐酸溶液(6 mol/L)溶解，定量转移至250 mL容量瓶中，加水稀释，定容，摇匀备用。

(3)邻二氮菲溶液(0.15 %)的配制：称取1.5 g邻二氮菲，加入10 mL 95%乙醇溶解，再用水稀释到1 L备用。

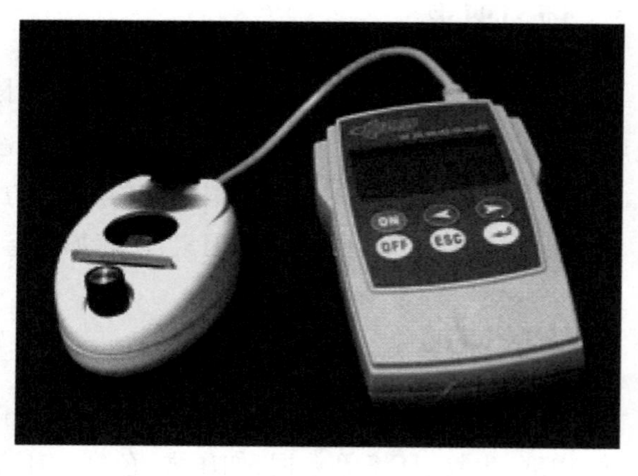

图30-1 "探世界"色度计与数据采集器

(4)HAc-NaAc缓冲溶液(pH=5.0)配制:称取无水醋酸钠16 g(或$NaAc \cdot 3H_2O$ 27 g)于烧杯中,加适量水溶解,加无水醋酸6 mL,稀释至1 L备用。

2.标准曲线的制作

(1)仪器的设置与校准

按照图30-1,连接色度计与数据采集器。将蓝色滤光片插入色度计中,与数据采集器连接,设置采样率为"10/S",采样数为"连续",显示方式为"数字"。然后利用去离子水对仪器进行校准,调节透射比,使数据采集器示数显示为100%,待用。注意:不要关机!

(2)标准曲线的绘制

在室温下,用未加维生素C标液的试剂做空白,按照表30-1中的实验方案进行实验。将测得的透射比(T)填入表30-1中,平行测定3次,取其平均值,再换算成吸光度(A)。用计算机对结果进行处理,制作吸光度A与维生素C含量的标准曲线。

表30-1 标准曲线的绘制

试剂 \ 编号		0	1	2	3	4	5
维生素C标液/mL		0	3.5	4.0	4.5	5.0	6.0
HAc-NaAc/mL		2.0					
Fe^{3+}标液/mL		3.0					
phen/mL		2.0					
定容/mL		50.0					
反应时间/min		20					
透射比T/%	T_1						
	T_2						
	T_3						
	$\overline{T}$						
吸光度A							

(3)市售饮料中维生素C质量浓度的测定

选择三种市售饮料样品,编号为1、2、3。分别移取2.5 mL市售饮料于50 mL容量瓶中,依次加入HAc-NaAc缓冲溶液2.0 mL、铁标液3.0 mL、phen 2.0 mL,用去离子水稀释至刻度,摇匀;放置20 min后,测定样品溶液的透射比,将测得的透射比填入表30-2中。平行测定

3次，取平均值，再换算成吸光度A。根据上述标准曲线计算得出试样中维生素C的质量浓度，并与饮料标示维生素C质量浓度进行比较。

表30-2 样品的测定

试剂＼编号		样1	样2	样3
样品/mL		2.5		
HAc-NaAc/mL		2.0		
Fe^{3+}标液/mL		3.0		
phen/mL		2.0		
定容/mL		50.0		
反应时间/min		20		
透射比T/%	T_1			
	T_2			
	T_3			
	$\overline{T}$			
吸光度A				

计算公式：$C_{样品}=\dfrac{C_{测} \cdot V_{总}}{V_{样}}$。

$C_{样}$的单位为μg/mL，其中$C_{测}$为根据标准曲线计算得到的浓度值(μg/mL)，$V_{总}$是定容所得的体积，$V_{样}$是移取样品的体积。

六、实验思考

1. 本实验方法是分光光度法。通过实验比较，手持技术的传感器与常规的分光光度计比较有什么优点？

2. 影响本实验的主要因素有哪些？在设计实验方案时应当怎样优化实验条件？

3. 进行本实验要注意哪些问题？试剂加入顺序能否随意调换？

七、参考文献

[1]魏玲,吕晓琴,李学琴.邻二氮菲分光光度法间接测定药片中维生素C的含量[J].昌吉学院学报,2008(2),110-112.

[2] 张小丹,马婧,朱朝娟等.手持技术在高中化学探究实验中的应用——基于 Fe^{2+} 邻二氮菲显色法测定市售饮料中的维生素C[J].西南师范大学学报(自然科学版),2018,43(5),171-175.

[3] 卢一卉,刘光影.手持技术在"化学实验教学研究"课程中的应用——基于补钙药片中钙含量测定实验的研究[J].西南师范大学学报(自然科学版),2015,40(5),185-188.

[4] 钱扬义.手持技术在理科实验中的应用研究[M].北京:高等教育出版社,2003.

[5] 卢一卉.化学实验教学研究[M].北京:科学出版社,2015.

八、延伸阅读

手持技术在中学化学教学中的应用

手持技术是由数据采集器、传感器(又称为探头)和配套的软件组成的定量采集和处理数据系统,是能与计算机连接,完成各种后期处理的实验技术系统。

数据采集器是一个具有强大数据采集与数据分析功能的综合理科实验系统。它能把实验过程中的物理信号转变为数字信号输出,全程跟踪实验过程中的数据变化并以多种形式显示实验结果。

传感器是传感技术的核心,它能感受到待测物的相关信息,并按照一定的规律转换成可用输出信号,经数据采集器处理之后将信号转化成数字信号。传感器的工作原理如图30-2所示。

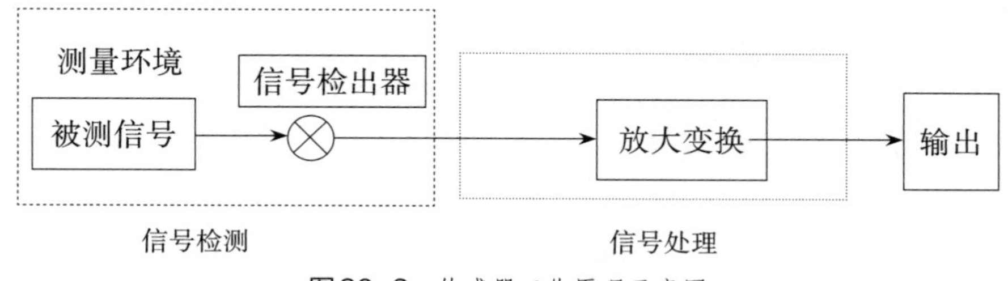

图30-2 传感器工作原理示意图

在中学化学实验教学中常用的传感器有:温度传感器、电导率传感器、pH传感器、压强传感器、电压/电流传感器、色度传感器、二氧化碳传感器、氧气传感器、溶解氧传感器、滴数传感器、离子传感器、电导率传感器等。

在计算机中装上配套的软件，可利用计算机强大的运算和数据处理功能，快捷地处理实验数据，并以数字、曲线等多种形式进行显示，这样我们能更好地把握实验的动态以及对实验结果进行分析、推测，如图30-3所示。

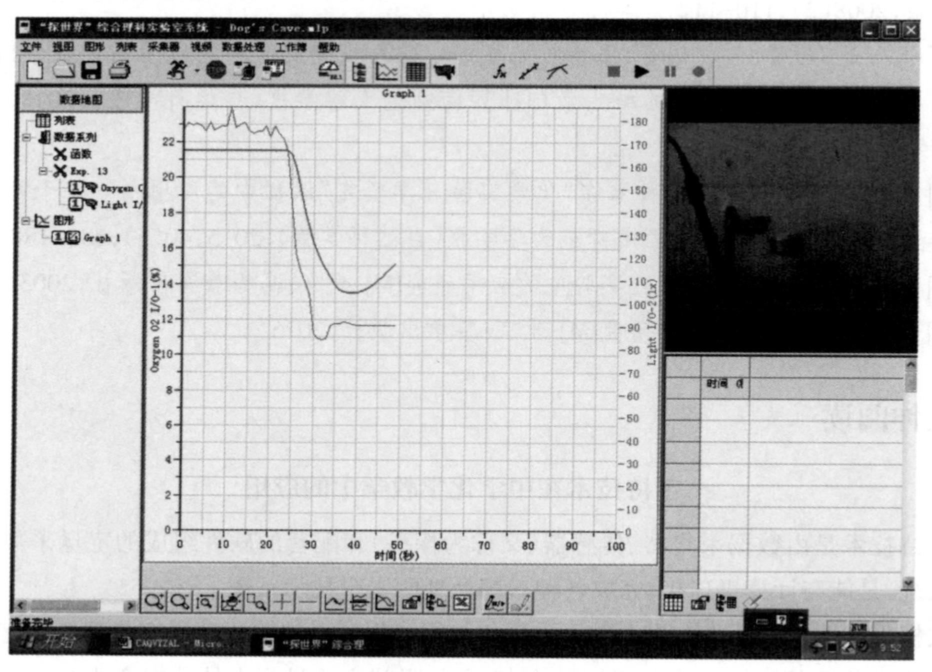

图30-3　实验系统软件界面